教出自主力

150個主題活動
蒙特梭利 遊戲
玩出孩子的獨立×自主×快樂

150 activites montessori, cest malin

動物足跡配對

希樂薇‧德絲克萊博（SYLVIE D'ESCLAIBES）
諾雅米‧戴斯雷伯（ET NOÉMIE D'ESCLAIBES）合著

許少菲　譯

練習摺線

新手父母

「剪紙」教具

「掃地」活動的方框

過濾沙子

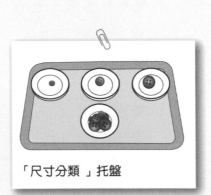

「尺寸分類」托盤

感官瓶

放大鏡圖片配對

漸層太陽

用衣夾訂正錯誤

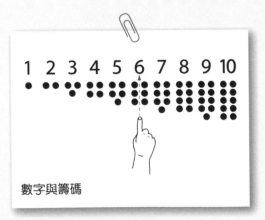

數字與籌碼

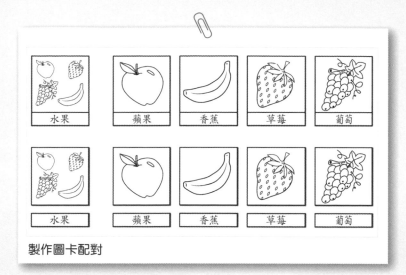

製作圖卡配對

PART 4 語言

砂紙字母

字母配對：字首：SHOES（鞋子）、S

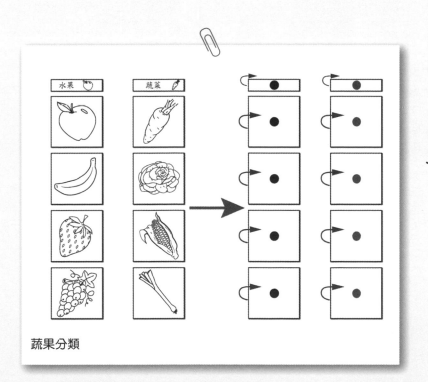

蔬果分類

運動活動 --- 283

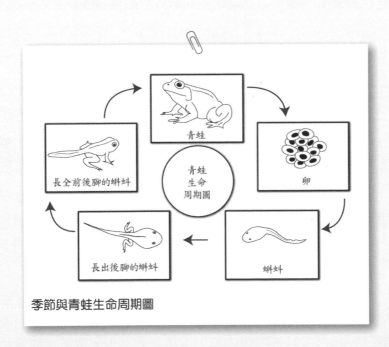

季節與青蛙生命周期圖

透過蒙特梭利遊戲讓孩子自動自發、自主學習

文／鈞媽 亂七八糟的快樂育兒‧親子暢銷書作家

寶寶從出生就開始學習，從吸吮反射學習吞嚥、從翻身學習睡眠姿勢。爸爸媽媽總是很煩惱該怎麼在清醒時間與孩子互動、玩耍。

有些父母甚至在孩子會爬、會站後，就任由孩子自己玩，然後自己在旁邊滑手機，因為他們不知該如何陪伴孩子玩。

除了煩惱如何在寶寶清醒時間時互動玩耍，還要玩得有學習性，就是爸媽更頭痛的問題；父母可能會上網或到商店購買高價玩具，可是孩子對新玩具的興趣往往短暫，很快就丟棄不玩，這也是後來租借玩具會流行起來的原因。

長期一直購買玩具、教具，對父母恐怕是很重的負擔，我生鈞時，家裡非常貧困，只能撿別人的二手玩具或自製玩具。

看到這本書時有點相見恨晚，150 個蒙特梭利遊戲，是生活中隨手可得，不需花費高額的金錢、也不需要高深專業的知識背景，人人都可以對蒙特梭利遊戲上手，這本書很適合擺放在手邊，成為隨手可查的工具書。

我在看這本書時，還滿訝異遊戲不僅是分齡學習，還能有效幫助孩子將短暫的注意力慢慢延長，能夠在不斷重複的操作培養情緒控制、挫折力、解決問題的能力。孩子從 0 ～ 6 歲時很難發現過動症或自閉症，但是藉由這些遊戲也有助於早期療育、早期發現。

現代父母往往非常忙碌，然而孩子的童年非常珍貴，需要父母花時間陪伴，而非丟給 3C 保母，我認為比起去研究超專門的育兒書籍，不如購買蒙特梭利遊戲書，不但可以達到陪伴的功能，還可以引發孩子對生活、四周環境、各類知識的興趣。

　　而蒙特梭利的精神就是讓孩子自動自發、自主學習，讓孩子將自動自發記進生活和體內，用遊戲和學習將蒙特梭利的精神散布在生活中，這也是送給孩子一份最珍貴的禮物。

引 言

　　雖然瑪麗亞‧蒙特梭利（Maria Montessori）比先前的教育學家更早提倡學校教育，不過她也強調，父母必須為幼兒的教育負完全責任。

　　「3 歲前的早期教育是奠定孩子一生的基礎！如果我們希望孩子改變，希望孩子具有適應現實與對抗環境的能力，那麼所有的學習活動都必須在 0 到 3 歲完成。我們可以相信這個生命第一個時期所帶來的影響，將遠比 3 歲至死亡更深遠，孩子在這個時期的需求是非常迫切地，只要我們不忽視它，就不會在未來造成嚴重的後果。」（瑪麗亞‧蒙特梭利）

　　瑪麗亞‧蒙特梭利是義大利著名的教育學家，生於 1870 年，她在 26 歲時成為義大利第一位女醫師。

　　瑪麗亞‧蒙特梭利首先負責教育特殊兒，她觀察到參與活動可以使孩子進步，動手做可以幫

Tips

　　瑪麗亞‧蒙特梭利是義大利著名的教育學家，生於 1870 年。

註：愛德華‧賽根（Édouard Séguin），教育家，1812 年生於法國，1880 年卒於紐約。專門教導心智不全的孩子，並與認知障礙的孩子一起工作。
尚‧伊塔（Jean Itard），醫生，1774 年生於法國，卒於 1838 年。伊塔專門醫治聽覺障礙，同時也是特殊教育專家。曾收養過一名孩子（l'enfant sauvage），其特殊的教育訓練影響了後來的蒙特梭利教育。

助其智力發展。她喜歡讓聾啞的孩子做賽根（Seguin）勞作，讓不善社交的孩子玩伊塔（Itard），替先天性發展不全的孩子製作賽根和伊塔設計的教材，讓孩子在短時間內有長足的進步。

因此，瑪麗亞·蒙特梭利也使用這些方式來教導一般孩子。

1970 年，她創辦了「兒童之家（Casa dei Bambini）」，招收 3 到 6 歲還未受教育的幼兒，這些孩子在羅倫斯（San Lorenzo）街區長大，是羅馬較落後的區域。

這個「兒童之家」成為著名的教育研究實驗室，在這裡，瑪麗亞·蒙特梭利依照她所發現和觀察到的現象開始了「蒙特梭利教育法」。

一年後，多所「兒童之家」在義大利開辦，瑪麗亞·蒙特梭利制定了共同教育方針。她不斷開發、創新她的想法與教材，然後，愈來愈多的蒙氏教育機構在歐洲與美國開辦。

1934 年，為了逃離西班牙內戰及法西斯主義，瑪麗亞·蒙特梭利先後前往英國與荷蘭。在二次大戰期間，她旅行至印度，見到甘地（Gandhi）、尼赫魯（Nehru）與泰戈爾（Tagor），並在此創辦蒙特梭利學校。

1952 年，瑪麗亞·蒙特梭利返回歐洲，先回到家鄉義大利，最後定居於荷蘭，並以 82 歲高齡卒於荷蘭。

她的兒子馬力歐（Mario）承續瑪麗亞·蒙特梭利的教育事業，現今，全世界已經有兩萬多所蒙特梭利學校。

很多名人都接受蒙特梭利教育，例如：

- 賴利・佩吉（Larry Page）與謝爾蓋・布林（Sergey Brin），Google 聯合創辦人

- 傑夫・貝佐斯（Jeffrey Bezos），Amazon 創辦人

- 凱瑟琳・葛蘭姆（Katharine Graham），華盛頓郵報（Washington Post）前發行人

- 馬奎斯（Gabriel García Marquéz），諾貝爾（prix Nobel）文學獎得主

Tips

> 她的第一個發現是注意力的重要性。
> 她的第二個發現是「敏感期」。

瑪麗亞・蒙特梭利認為，最偉大的社會責任包含確保兒童正義、和諧生活與受到關愛，她認為教育是建造新世界與重建和平的唯一方式。

她的第一個重大發現是——注意力的重要性。她在《吸收性心智（L'Eeprit absorbant）》一書中提及，「培養孩子的專注力是幫助其成長的第一條途徑，專注力所可以幫助幼兒發展其社會意識。」

因此，她了解必須使用有效的方式來發展孩子的專注力，日後才能使孩子在其他領域獲得良好的發展。

她的第二個重要發現是——「敏感期（périodes sensibles）」。根據瑪麗亞・蒙特梭利的發現，每個兒童都是獨一無二的，具有自

己的人格特質、生活步調、優點與可能遇到的困難，這就是兒童所經歷的「敏感期」；在這個時期孩子的所有人格特質將會被敏感地吸收，導致大人容易忽略孩子天生的性情發展。

不過這只是過渡期，如果在這個時期我們可以幫孩子創造出適合發展「敏感期」的環境，並知道如何將環境介紹給孩子，那麼孩子將會輕易地吸收知識並感到滿足。一旦度過「敏感期」，後天的教養會更困難：「如果孩子沒有遵照敏感期來發展，將會失去自然發展天性的機會。」

同時，瑪麗亞‧蒙特梭利也發現兒童「與生俱來的特質」，這樣的特質能促使孩子探索環境，並依經驗體驗到「吸收性心智」，即「對一切感到好奇，並擁有良好的專注力來吸收新知，就如同海綿吸附水一樣。」如此將能使孩子永遠保有主動學習的心態。

大人應有足夠的觀察力知道孩子正在經歷他的敏感期，並在環境中創造出合適的教材，以便使孩子有建立自我與主動學習的能力；大人也應該要有足夠的能力創造出適合的環境——這樣的環境特徵必須符合瑪麗亞‧蒙特梭利觀察到的細節。

註：甘地（Mohandas Karamchand Gandhi，1869～1984），印度國父，以非暴力的方式帶領印度脫離英國殖民統治走向獨立。
賈瓦哈拉爾‧尼赫魯（Pandit Jawaharlal Nehru，1889～1964），印度獨立後第一任總理，也是印度在位時間最長的總理。
泰戈爾（Rabindranath Tagor，1861～1941），印度詩人，哲學家，反現代民族主義者，1913年成為第一位獲得諾貝爾文學獎的亞洲人。

敏感期：

- 2 個月到 6 歲語言敏感期

- 12 個月到 4 歲運動協調性敏感期

- 從出生到 6 歲左右秩序敏感期

- 從出生到 5 歲左右感官學習敏感期

Tips

瑪麗亞‧蒙特梭利也發現兒童有與生俱來的特質。

2 歲半到 6 歲，社會行為的敏感期

意識到孩子的敏感期，我們才能夠幫助孩子準備適合的教材。

我們可以輕易地定義孩子的每個敏感期，例如當孩子正經歷閱讀的敏感期（同時也包含語言）時，會不斷地詢問每個字母的意思，他們可能還會詢問字母組合起來的字義。在生活中也會試著拆解物品上的字詞與路標等；當他們遇到數學問題，也會將它們歸類在語言問題內，孩子會不斷地數數，如小汽車有幾輛？他走了幾步路？水果籃裡有幾顆蘋果？等。

Tips

我們不可能創造出一個敏感時期，也不可能推遲、延長或取消；我們只能適應並且創造出合適的環境。

0 到 3 歲的孩子具有「吸收性心智」。

注意！我們不可能創造出一個敏感期，也不可能將其推遲、延長或取消；我們只能適應且創造出合適的環境。

瑪麗亞‧蒙特梭利定義了很多兒童發展計畫。

在眾多計畫裡，第一個 0 到 3 歲的計劃在《吸收性心智》一書中被稱作「心理胚胎期（période psycho ～ embryonnaire）」，它是嬰幼兒自我建造與自我創造時期，它具有吸收性心智的天賦：「孩子被賦予未知的能力，這樣的能力將引導他走向光明的未來。」

這是一個用環境滋養孩子的時期，所以大人必須把環境準備好，直到孩子能夠自己打造環境。

觀察孩子是一件基本任務，但是很困難；事實上，忘記自己在觀察這件事很重要。

瑪麗亞‧蒙特梭利其中一個計畫是為了讓孩子能夠察覺到大人的角色：讓孩子生活在有秩序與限制的環境裡，以實踐這句箴言：準備好的大人、準備好的環境與帶有責任感的自由！

大人準備好

大人提供孩子的第一個幫助是，成為能夠自我控制與有條不紊的生活榜樣。

值得注意的是，孩子處在對秩序敏感的時期，所以大人應準備有秩序、有組織的環境，讓孩子得以順利地發展心理秩序。

準備好的環境

環境應建立在嬰幼兒的能力發展上，提供孩子全神貫注的機會。

環境的建立很重要，它不會自然出現。

大人應用愉悅的方式對待孩子並理解嬰幼兒成長的歷程。

用愛來準備環境，教具應包含有建設性的工作，「無限制的溺愛對孩子是沒有幫助的」。

Tips

　準備好的大人，準備好的環境與帶有責任感的自由！成為能夠自我控制與有條不紊的生活模範。

最後，教具須依正確的方式使用。

孩子透過觀察來學習身邊所有的一切，所以照顧者是嬰幼兒的最佳榜樣。

準備好的教具

父母可以在家裡設置蒙特梭利環境，讓孩子學習遵守規則。

教具要放在托盤（教具盤）上，讓孩子可以拿取；教具要具有真實性、邏輯性、完整性且可回應幼兒的學習需求。

教具必須放置在孩子觸手可及的地方，並且依照下列分類整理：

● 日常生活

● 感官生活

● 數學生活

● 語言發展與初期閱讀

● 文化：歷史、地理、科學

將蒙特梭利教具設置在獨立空間是很重要的，教具不可以和孩子的其他玩具混放在一起。如果沒有空間可以設置教具，則須將它們有系統地放置在一個或多個層架上；每個教具應有獨立的位置、不可任意移動，每個托盤或籃子裡僅能擺放一組教具。

操作教具前必須先由大人示範，以免孩子用錯誤的方式操作教具而遭受挫折，以致無法達到下一個目標。

如果有很多個孩子，需替每個孩子準備適合其發展的教具。

請注意，層架上應標記教具名稱，以幫助孩子順利將使用完畢的教具收回原來的位置，如此下次進行活動時才可準確執行。

教具在使用完畢後，應保持原狀、妥善收好，以貼紙，相片註記類別，方便孩子將托盤或籃子收回原來的位置。

同一個活動只準備一組托盤或籃子，其他孩子如果想參與同樣的活動，需學習等待。

Tips

環境的建立很重要，它不會自然出現。

孩子透過「重複」來學習，他們會一再地重複同樣的活動、多次使用相同的教具，所以層架上的托盤或籃子不需要每天更換，僅需規律性地替換即可。

　　大人應仔細觀察孩子的操作情況，以辨識教具是否適合，是否令他感到滿足。

　　不應將太困難、超出能力的教具介紹給孩子，以免他產生挫折、失去信心而不敢再度嘗試。

　　教具盡可能帶有需要被修正的錯誤，這樣孩子可以明白錯誤、自我修正，然後進步。大人可以仔細觀察孩子，待其熟悉活動後，向他提出問題，請注意，一個活動只能準備一個待修正的問題，以訓練孩子進行錯誤檢查——自己解決該項活動所帶來的難題。

　　如果我們準確記住這些重點（適齡的教具、一次一個問題、錯誤檢查），那麼不用進入蒙特梭利學校也能夠善加利用蒙特梭利的教學方式，在家創造出適合的環境，不需要取得「真正的」蒙特梭利教材。

　　如此便能讓很多幼兒在家就能夠完成蒙特梭利主要的發展目標：

● 主動性

● 專注力

● 對大人的信任與自信心

● 粗細動作

● 感官

● 對世界的認知

介紹活動

大人的態度很重要！

絕對不能限制孩子，也不能阻止孩子求知的慾望。當然，如果孩子太過專注，必須試著把他帶離這種「頑固困境（obsession）」，改參與另一項活動。

要特別注意的是，和孩子說話時不可以用帶有傷害性的否定語詞，也不可以沒耐心、發脾氣，或對孩子嘆氣，不然會讓孩子不敢再繼續下個活動。

絕對不可以對孩子說：「你做錯了」、「這樣不對」等。必須讓他自己找到答案，錯誤檢查可以幫助孩子發展他們的推理能力與創造力。

除此之外，大人應將時間完整保留給孩子，和孩子一起活動時應展現熱情。

向孩子介紹新教具之前，必須遵守以下幾點規範：

● 邀請孩子參加活動（「如果你願意的話，今天我想跟你介紹……」）

● 陪孩子去層架上尋找托盤、籃子，或者教具。

● 將托盤放在孩子面前的桌上或地毯、地墊上。

● 將托盤放在孩子的慣用手旁邊（如果是右撇子就放右邊，左撇子就放左邊）。

● 大人可以先跟孩子說：「看我的手正在做什麼」；非必要不要在介紹活動時說話，如果要說話，請輕聲細語。

● 對孩子微笑。

● 盡可能和緩地介紹活動步驟，讓孩子能夠完全明白活動目的。

● 從示範開始，並詢問孩子是否願意繼續；或完整介紹完整個活動後，再邀請孩子動手做。

● 若中途結束也需將教具收回初始狀態。

● 當結束活動時，孩子必須將教具收回原來的位置。

● 活動最後，大人可以跟孩子介紹托盤或籃子裡教具的單字詞彙。

● 大人在介紹活動時必須使用一樣的字詞，直到孩子記住。

● 介紹完活動後，如果孩子沒有完全明白活動的步驟時，不要急著說明，只需記住孩子不明白的地方，之後再重新介紹活動即可。

● 介紹完活動步驟，即可讓孩子自己動手操作至想結束為止；當孩子成功完成好幾次並且開始不專心時，就可以拿走他手上的教具，準備錯誤檢查的問題。

● 如果孩子不想重新開始活動，可能是因為他還沒完全準備好，或者沒有興趣；大人只需開始收拾教具，不需再多作說明。

● 相反地，如果孩子將教具打翻，也不可以默許他的行為，應溫和地跟他說：「不可以這樣對待物品，我們一起收拾好，然後做別的工作。」

小秘訣

試著在每個主題，每個托盤上打造出配合當時季節與節慶日的氛圍，這樣可以讓孩子發現生活的周期、季節、月份與節日，並且幫助孩子理解他所生活的世界。

這些活動可以發展孩子的基本特質，為孩子帶來幸福感；在介紹活動的同時，大人也會以另一種眼光來看待孩子。當大人發現孩子不斷進步時，也會替大人帶來幸福感。此外，活動還可以協助孩子發展天賦，並加強較弱的部分。

Tips

介紹完活動步驟，就可以讓孩子自己動手操作至想結束為止。

孩子與父母的關係將建立在和諧的基礎上。

更長遠地來說，孩子從父母那裡得來的強大自信心，可以讓孩子重新認識、信賴大人；大人總是準備好豐富的環境讓孩子有自我覺察、建立自信與全面發展的空間，而使得親子關係建立在和諧的基礎上。

PART 1

日常生活

日常生活活動的準備與介紹

　　孩子還小的時候總喜歡在大人做家務時圍在身邊轉圈圈，這就是我們首先要介紹的「日常生活」活動。

　　當孩子擁有足夠的自己動手做能力時，就可以開始這部分的活動。

　　「日常生活」活動有很多手做的部分，可以讓孩子的身心得到全面、均衡的發展。事實上，動手做也可以讓孩子的智能發展；此外，大量手做活動中的「三指鉗」取物（由大拇指、食指與中指，形成的夾鉗手勢）也有助於孩子日後學習握筆。

　　想要讓孩子有幸福感，就必須訓練他獨立！透過日常生活活動可以讓孩子均衡地發展自主性（自己動手做）、專注力、秩序感、自信心與環境適應力，當他擁有這些獨立自主的能力，就會看到自己的優點，進而產生自信及幸福感。

Tips

> 　　「日常生活」活動有很多手做的部分，可以讓孩子的身心得到全面性且均衡的發展。
> 　　孩子處於不斷吸收新知的學習狀態。

　　孩子處於不斷吸收新知的學習狀態，「自己動手做」是提升主動學習興趣的關鍵，即使對大人來說是輕而易舉的事，也不要吝於讓孩子嘗試，如果孩子對打掃活動有興趣，可以讓他嘗試擦拭鏡子。

　　孩子透過模仿成人的行為

來成為大人，因此孩子會想要獨立完成工作，而不是由大人來替他完成。「日常生活」活動是基本的訓練，適用各年齡層的孩子，不僅有助培養孩子的專注力，也能激發孩子未來的學習潛能。當然，我們會依據孩子的年齡來調整活動難度（但一個活動只能有一個錯誤檢查）。

此外，使用教具時遵照步驟，也間接為孩子建立邏輯基礎。例如擦拭鏡子活動，開始前要先將教具放在桌上或托盤上，接著清潔用品，然後再依序放置棉花、抹布、棉花棒（擦拭角落），最後需準備一條抹布確實將鏡子擦乾淨。讓孩子在既定的條件下依序完成活動，對其數學推理能力發展極為有益。

「日常生活」活動必須依照順序完成，即開始、中段、結尾。重要的是，在每個活動開始前，大人應熟稔每個流程，確實明白活動的趣味性與可執行性（例如進行湯匙舀種籽活動前，要確保每一顆種籽都可以順利被舀起）。

大人示範時應流暢、簡單易懂。

教導年紀比較小的幼兒（大約 15 個月），應從簡單的活動開始，且在進行下個活動前需先確定孩子已經可以順利完成前項工作。例如如果我們希望孩子可以跟大人一起準備烹煮蔬菜湯，必須依序先教他清洗蔬菜，然後削皮（如果需要），最後再切塊；不可以將清洗、削皮與切塊的工具放在同一個托盤上，同時教孩子。

Tips

「日常生活」活動必須依照步驟完成，即開始、中段、結尾。

準備日常生活活動

「日常生活區」活動的教具準備起來非常愉快，孩子還會期待準備下一個托盤。

● 基本上我們會將「日常生活區」的活動教具放在托盤上，托盤最好選擇不會轉移孩子注意力的材質，例如木製、白色或無裝飾的，為了讓較小的孩子也能輕鬆拿取，我們可以選用兩邊有把手的托盤。

● 請選用實際生活中使用、會打破的生活教具，而不是塑膠玩具。重要的是，托盤應具美感且讓人感到愉悅，一方面發展孩子的美學，一方面讓孩子樂意使用；材質也必須多樣化，例如木製、陶瓷等。

● 托盤必須能夠讓孩子可以自己輕易拿起且不易打翻，所以得注意重量。

● 最好在放置教具的層架旁放一張小桌子，讓孩子拿取後不用走太遠就可以將托盤放下。

● 為了遵從由左至右的閱讀與書寫方式，托盤裡的教具可依活動的進行順序，由左至右、上至下排列。（註：若為中文書寫，則為右到左。）

● 準備一小條乾抹布或乾淨的棉布，讓孩子將他使用過或弄髒的教具清理乾淨，或換上新的教具後再收回層架上；也可以準備衣架、垃圾桶，讓孩子將濕的抹布晾乾並丟棄不用的物品；或者放置一個裝有乾淨清水的水壺及小水桶（倒髒水），讓孩子在原地清洗教具。

日常生活活動介紹

- 將托盤或教具籃放在專門收納「日常生活區」的教具層架上。

- 讓孩子在地毯上、地墊上或小桌子上（有些活動較適合在桌上做）進行活動。如果孩子是在小桌子上進行活動，那麼教具就不一定要放在托盤上，可以先在小桌子上鋪好桌巾，再將教具擺上，如此不僅能限制孩子的操作空間，同時還能降低孩子使用教具時發出的聲響。

- 活動開始前，先詢問孩子：「你想要我向你介紹這個活動嗎？」如果孩子同意，就帶他到層架上拿需要的托盤或教具籃。

- 先將教具放置在孩子面前再開始介紹活動內容（手不可以遮住教具），所有的教具都應依左至右、上到下的順序排列，以為之後的閱讀與書寫作準備（除水壺活動外）。（註：若為中文書寫，則為右到左。）

- 孩子無法在聽說明的同時專注地觀看活動操作，所以在介紹活動步驟時不要說話，只需告訴孩子：「注意看我的手在做什麼？」當步驟完成後，再說明：「現在你知道怎麼完成這個活動了，你可以做到自己想休息為止。」

- 「日常生活」活動必須以孩子的慣用手進行，將托盤轉向適合孩子專注及操作的方向。注意，不要一次放太多物品在托盤上，活動進行的時間也不要太長。

日常生活

● 為了讓孩子全程參與活動，剛開始時最好將難度簡化，之後再慢慢增加難度。例如用湯匙舀種籽，剛開始時，只放一點種籽，待孩子順利完成後再增加種籽的量。

● 進行一對一的教學活動時，其他孩子可以在旁邊觀看，但不可以一起參與活動。

● 開始介紹「日常生活」活動前就要跟孩子清楚說明步驟，有時候可能要說很多次才能讓孩子明白如何正確完成活動，例如移開椅子、鋪／收地墊等。

● 教具的擺放位置很重要，因為孩子處於秩序敏感期，所以與孩子一起做的活動都要有次序。

● 大人每次示範時要統一步驟，不然孩子會無所適從而顯得手足無措。

不同主題的活動

● 示範與說明可以讓孩子用正確的步驟完成活動。

● 自己動手做的主要目的是提升孩子的手部及全身運動機能。

● 關心周遭環境的活動可以讓孩子認識生活中的各種空間、理解所處的世界。

● 關心人物的活動可以讓孩子學習主動關心周遭的人及同理。

● 生活有規律、行為有規範會使幼兒產生安全感,而這個時候也是培養良好生活習慣的最佳時期,因此我們準備了練習優雅儀態與禮貌的活動。

● 幼兒處於感官時期,動手做的活動也會讓其運動神經得到全面發展。

日常生活活動 ❶

適用 16 個月 **麵團遊戲**

教具

〔托盤上〕
- 2 個等大的碗狀容器
- 6 塊麵團

將麵團裝在容器中，並放在孩子的左手邊。

示範

1. 邀請孩子到小桌子前，跟孩子說：「如果你有興趣，我要示範怎麼將麵團從碗裡取出來。」
2. 準備 2 個碗放在托盤上。在左邊的碗中放入 3 塊麵團，再用雙手輕輕地將碗裡的麵團取出，移至右邊的空碗中；依序取出第 2 塊、第 3 塊。
3. 請孩子嘗試將麵團取出移至碗中。
4. 將所有的麵團取出後，再重新開始練習。

5. 跟孩子說，「你知道怎麼將麵團從碗裡取出了，現在你可以自己試看看，做到想停為止」。

6. 當活動結束後，請孩子將教具收好，或者跟他一起收。

Tips

　　如果孩子的麵團掉了，請靜靜地觀察，孩子是否會主動將麵團撿起來放回碗內；如果沒有，由您將麵團撿起來放回碗內即可。

日常生活活動 ❷

適用 18 個月　**拿盤子**

教具

〔托盤上〕

・1 個有握把的空盤子（孩子可以輕易拿起的重量及大小）

- -

示範

1. 一隻手握住一邊的握把，再以雙手拿起盤子。
2. 將盤子放在桌上。
3. 邀請孩子嘗試拿起盤子。

Tips

　　一開始請孩子先用雙手拿著空盤走直線，之後再盛裝物品行走，例如在盤子裡放些小餅乾，甚至是盛水的碗。

日常生活活動 ❸

適用 18 個月 **移豆子**（將杯內的堅果移到入另 1 個杯子）

教具

〔托盤上〕

· 2 個小杯子
· 一些腰果

> 將腰果盛裝在其中 1 個杯子裡。

示範

1. 雙手拿起托盤，慢慢地走到桌邊。
2. 輕輕地將托盤放在桌上，然後坐下。
3. 將裝有腰果的杯子拿給孩子看。
4. 右手以夾鉗姿勢拿起裝有腰果的杯子。
5. 將杯子拿至空杯子上方，碰觸杯緣（用左手食指扶著空杯子）。
6. 示範慢慢將杯子傾倒，直到將腰果全數倒入空杯內。
7. 再將杯子輕輕地放回托盤上。

8. 將掉在托盤上、桌上或者地上的腰果撿回杯內（錯誤檢查）。

9. 反向再示範一次。

10. 邀請孩子自己做一次。

Tips

> 注意不要讓孩子誤食腰果！
> 夾鉗姿勢指的是以拇指、食指與中指夾物的姿勢。

日常生活活動 ❹

適用 18 個月 **將乒乓球倒入濾網**

教具

〔托盤上〕

· 2 個竹碗（或木碗）
· 8 顆乒乓球
· 1 個小篩子

將乒乓球放在其中 1 個碗裡，放在孩子的左手邊，另 1 個不放任何東西。

示範

1. 將托盤放在桌子正中央。
2. 將 2 個竹碗放在托盤上。右手以夾鉗姿勢拿起小篩子，將左邊碗裡的乒乓球 1 個 1 個撈起移至右邊的空碗中。
3. 當碗裡的乒乓球全數移出後，反方向再做一次。
4. 邀請孩子自己做一次。

Tips

夾鉗姿勢指的是以拇指、食指與中指夾物的姿勢。

如果孩子在您完成所有示範前就想要自己動手做，可以請他試看看。

日常生活活動 ❺

適用 18 個月 **擠乾海綿**

教具

〔托盤上〕
- 1 件圍裙
- 1 張桌布（防水布）
- 2 個小水盆
- 1 塊海綿
- 1 個小水壺
- 1 條抹布

示範

1. 穿上圍裙。
2. 將桌布輕輕地攤開、鋪在桌上。
3. 將兩個小水盆並排在桌上，將海綿放在桌布的左上角。
4. 在水壺內裝些許水。
5. 將水壺的水倒入左邊的水盆裡。
6. 用抹布將水壺擦乾，放置在桌布右上方。
7. 把海綿放進左邊的水盆裡，輕輕地以雙手按壓，直到海綿吸滿水。

8. 用慣用手拿起海綿，另一隻手置放於海綿下方。

9. 快速地將海綿移至右邊乾水盆的中間。

10. 使用雙手按壓海綿擠出水。

11. 擠出大部分的水後，再用雙手將剩餘的水擠乾。

12. 將海綿放回左邊的水盆，繼續吸水。

13. 重複步驟 7 ～ 11，直到左邊水盆裡的水都移到右邊的水盆裡。

14. 反向再示範一次。

15. 將水倒掉。

16. 用抹布將水盆擦乾。

17. 注意有沒有沒擦乾的地方。

18. 將教具收回層架上。

19. 將桌布、抹布及海綿晾乾。

20. 邀請孩子自己做一次。

Tips

　　如果孩子的年紀較小，可以準備較大的海綿和水盆，在鋪有防水布的地板上進行。

日常生活活動 ❻

適用 2 歲　**準備椅子**

教具

〔托盤上〕

‧ 1 張兒童椅（不要太重）

- -

示範

1. 右手放在椅背上。
2. 左手放在座椅前方。
3. 施力拿起椅子。
4. 將椅子移到另一個地方。
5. 不發出噪音將椅子輕輕放下。
6. 再將椅子以相同方式放回原地。

Tips

　　當孩子從椅子起身後，大人要請孩子將椅子收回原位，這是培養孩子守秩序與養成良好生活習慣的基本要件。

日常生活活動 ❼

適用 2 歲 **準備／攤開地毯**

教具

〔托盤上〕

・1 張 70 x 120 公分的地毯

> 我們在其他的活動中使用地毯。

- -

示範

1. 將捲起的地毯直立，用兩手從中間拿起。
2. 將地毯垂直放在地上，左手握著地毯一端，右手將它攤開（從左至右）。

〔進階〕

・示範如何在地毯四周走動，要慢慢地、小心地走在地毯邊緣。

・盡量走在地毯最邊緣處。

・也可以拿著小東西沿著地毯四周行走。

3. 完全攤開後,以右手將地毯攤平。
4. 坐在地毯邊緣,用兩手將地毯反捲。
5. 將地毯四個角壓平。
6. 將地毯捲起後直立,用兩手從中間拿起放回原處。

日常生活活動 ❽

適用 2 歲　**舀種籽**

教具

〔托盤上〕
- 2 個一樣的碗
- 1 支湯匙
- 一些豌豆（或其他方便準備的豆子）

將豌豆裝進其中 1 個碗裡，放在托盤的左邊，空碗放在右邊。

- -

示範

1. 將托盤放在桌子正中央。
2. 右手以夾鉗姿勢拿起湯匙，將左邊碗裡的豌豆舀起放進右邊的空碗中。
3. 當第左邊的碗空了，反方向再做一次。
4. 邀請孩子自己做一次。

Tips

多元化的教具可以激發孩子的好奇心，您可以時常更換碗中的內容物，例如麵團、米、扁豆、小米等，或更換不同的湯匙。

日常生活活動 ❾

適用 2 歲 **倒種籽**（將瓶子裡的豌豆倒入另 1 個瓶子）

教具

〔托盤上〕
- 2 個一樣的小水瓶（不要太重）
- 一些豌豆（或使用其他種籽）

將豌豆裝進其中 1 個水瓶裡，放在桌子的右邊。

示範

1. 用雙手拿起托盤，慢慢地走向桌邊，輕輕地將托盤放在桌上、坐下。

2. 拿起裝有豌豆的水瓶，讓孩子看看瓶口，說明豌豆會從瓶口流出來。

3. 右手以夾鉗姿勢拿起裝有豌豆的水瓶。

4. 將裝有豌豆的水瓶放在空水瓶上方，不要讓豌豆掉出來（左手食指撐住上方水瓶）。

5. 傾斜上方水瓶，直到豌豆緩慢地掉進下方的空水瓶中。

6. 當豌豆都順利掉進下方的水瓶後，將水瓶放回桌面。

7. 將掉在托盤上、桌上或者地上的豌豆撿回瓶內（錯誤檢查）。

8. 反方向再進行一次。

9. 邀請孩子自己做一次。

日常生活活動 ❿

適用 2 歲 **貼圖形**

教具

〔托盤上〕

· 1 個盒子（放入預先畫好黏貼線的紙，如圓形、三角形、正方形。）
· 1 個盒子（放入幾張 14 x 14 公分的色紙，並在上面畫好與上述
　　黏貼線相符的圖形）
· 2 塊海綿（1 塊微濕，1 塊乾的），各放在 2 個小杯子裡

- -

示範

1. 將托盤放在桌上。
2. 將教具依使用順序由左至右依序排列。
3. 從盒子裡拿出預先畫好黏貼線的紙放在桌子右上方。
4. 從另 1 個盒子裡拿出畫好與黏貼線相符圖形的色紙放在桌子左上方。
5. 將預先畫好黏貼線的紙放在微濕的海綿上沾濕。
6. 將步驟 4 的色紙對準步驟 5 紙上的圖形黏上。
7. 黏貼完後用乾海綿按壓貼線。
8. 邀請孩子自己做一次。
9. 當活動結束後，請孩子將托盤收回層架上。
10. 邀請孩子自己做一次。

日常生活活動 ⓫

適用 2 歲 夾衣夾

教具

〔托盤上〕

・1 個小籃子
・8 個衣夾（確認孩子的力氣可以使用）

示範

1. 將托盤放在桌上。
2. 將籃子移至桌子中央。
3. 右手拇指與食指拿起衣夾上端，按壓衣夾兩端，直到兩隻手指互相碰觸。
4. 將衣夾垂直放在籃子邊緣上方，緩慢地下降，直到衣夾夾住籃子邊緣。
5. 重複步驟 3 ～ 4 直到夾子全數夾完。
6. 將夾子取下收回籃子內。
7. 將籃子收回托盤上。

日常生活活動 ⑫

適用 2 歲　**夾蝸牛殼**

教具

〔托盤上〕
· 1 個食物夾（放在盤子上）
· 6 顆蝸牛殼（可用鳳螺殼，放在小籃子裡）
· 1 個盤子（可裝 6 顆殼的大小）

將裝有蝸牛殼的籃子放在托盤的左邊，食物夾放在右邊。

示範

1. 將盤子放在桌子中間。
2. 向孩子說明食物夾的使用方式。
3. 拿起放在托盤右邊的食物夾。
4. 用夾子夾起籃子裡的蝸牛殼放在盤子的左上方。
5. 繼續夾起第二個蝸牛殼，依序排在盤子上。
6. 邀請孩子繼續完成活動。
7. 當全數夾完後，再依序將盤子上的蝸牛殼夾回籃子內。

8. 邀請孩子自己做一次。

9. 當活動結束後，請孩子將托盤收回層架上。

日常生活活動 ⓭

適用 2 歲　**預備食物：餐桌佈置**

教具

〔托盤上〕

- 1 張餐墊
- 1 張自我校正餐墊（錯誤檢查用）
- 1 個盤子
- 1 個杯子
- 1 支叉子
- 1 支小湯匙
- 1 張餐巾紙

示範

1. 將托盤放在桌上。
2. 將餐墊取出放在桌子中間。
3. 將自我校正餐墊放在餐墊上方。
4. 將餐具、餐巾紙依序擺放在自我校正餐墊上。
5. 再將餐具依自我校正餐墊的位置，一一下移，放置在下方的餐墊上。

6. 將所有餐具放回托盤上。
7. 邀請孩子自己做一次。

Tips

　　當孩子熟練之後，可以讓他憑記憶擺放，完成後再依自我校正餐墊來修正錯誤。

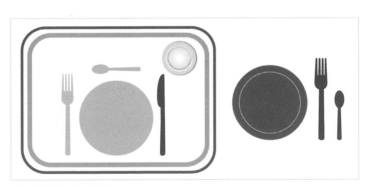

▲自我校正餐墊

日常生活活動 ⓮

適用 2 歲 **儀態與禮貌**

　　訓練孩子擁有優雅的儀態與禮貌是很重要的事，如此可以培養孩子的自信心、讓孩子感受自己的優點，同時學會親切待人。

　　我們應該要花時間教導孩子應對進退，而不是僅告訴孩子「遇到大人要打招呼」、「跟阿姨說謝謝」等，大人必須設計禮儀課來讓孩子學習與明白禮貌及儀態的重要，當孩子實際遇到時就會自發性地做出合宜的反應，像是教導孩子：咳嗽及打呵欠時要用手遮住嘴巴、擤鼻涕時要小聲；遇到人應問好、別人幫忙要說謝謝、進門前要先敲門等。

日常生活活動 ⑮

適用 2.5 歲 **倒水練習**

教具

〔托盤上〕

- 2 個一樣的水壺（1 個裝水）
- 1 塊海綿

- -

示範

1. 示範使用慣用手拿水壺，以夾鉗姿勢握住握把；另一手的食指撐著壺口。
2. 傾斜壺身，控制出水量，將水倒入空水壺中，注意不要**翻倒**、不要讓上方的水壺碰觸到下方水壺。
3. 將水緩慢地倒完。

Tips

夾鉗姿勢指的是以拇指、食指與中指夾物的姿勢。

孩子很喜歡玩水，所以在孩子尚未熟悉「擠乾海綿」P.40 及「倒種籽」P.46 活動時，先不要讓孩子進行這項活動。

4. 用海綿將壺身的水珠擦拭乾淨。

5. 反方向再做一次。

6. 用海綿擦拭教具盤上的水。

7. 邀請孩子自己做一次。

8. 當活動結束後，請孩子將托盤收回層架上。

日常生活活動 ⓖ

適用 2.5 歲 **開鎖練習**

教具

〔托盤上〕

· 4 個不同的鎖（放在小籃子裡）
· 4 把相對應的鑰匙（放在另一個小籃子裡，確認 1 把鑰匙只能打開 1 個鎖）
· 1 張地毯

- -

示範

1. 將托盤放在地毯的左上方。
2. 從籃子裡拿出 1 個鎖放在地毯中間。
3. 用左手的拇指、食指拿起鎖；右手的拇指、食指則拿起一把鑰匙，將鑰匙插入鎖中。
4. 嘗試打開地毯中間的鎖；如果無法開鎖，則更換另 1 把鑰匙。
5. 找到正確的鑰匙時，將鎖打開（不要在第一時間就找到對的鑰匙）。
6. 將打開的鎖放在地毯左上方，鑰匙放在地毯右上方。

7. 依照上述示範找出配對的鎖與鑰匙，並依序排放在上1組的下面。
8. 邀請孩子自己做一次。
9. 當所有的鎖都打開後，再將鎖依序鎖上。
10. 將所有的鎖及鑰匙收回籃子裡。
11. 當活動結束後，請孩子將托盤收回層架上。

日常生活活動 ⓱

適用 2.5 歲 **走圓圈線**（團體遊戲）

教具

〔活動 1〕

- 在地上畫 1 個半徑約 10 公分的圓圈（孩子可以舒適地站在圈圈內的大小）
- 幾個孩子

〔活動 2：進階活動〕

- 1 面旗子
- 1 個籃子
- 幾個小立方體
- 1 個小鈴鐺
- 1 條繩子（尾端綁 1 個小重物）
- 1 個杯子（裝 7 分滿的顏料水）

示範

〔活動 1〕

1. 要求孩子站在圈圈內。

2. 請孩子在線上等距站開，避免擠在一起；大人示範如何用雙腳在線上行走。

3. 請孩子慢慢地沿線往前行走，直到孩子的腳尖碰觸到前面孩子的腳跟；換前面的孩子嘗試沿線往前走。

〔活動 2：進階活動〕

待孩子熟悉活動 1 後，我們可以開始進階活動。請大人示範手上拿各種教具走圓圈，藉以提起孩子的興趣，並提醒孩子不要掉出線外。

1. 如果孩子選擇拿旗子走圈圈，請他用雙手將旗子高舉過頭，以訓練孩子抬頭挺胸，用正確的姿勢走路。

2. 如果孩子選擇拿籃子，請大人將籃子輕放在孩子的頭上，並請孩子用雙手扶著；由大人拿著陪孩子走圈圈（不要讓他自己拿）。

3. 如果孩子選擇拿小立方體，則請孩子伸起慣用手，手掌朝上，將幾個粉紅色邊的立方體放在手掌上走圈圈。

4. 或讓孩子手拿小鈴鐺走圈圈，但不可以發出聲響。

5. 也可以讓孩子手拿綁有重物的繩子，保持平衡、不晃動繩子走圈圈。

6. 或者讓孩子拿裝水的杯子走圈圈，注意不要灑出來。

日常生活活動 ⑱

適用 2.5 歲　夾毛球

教具

〔托盤上〕

- 1 支夾子（或鑷子）
- 1 個透明碗（內放 3 個黃色毛球、3 個藍色毛球）
- 1 個黃色小碗
- 1 個藍色小碗

- -

示範

1. 將托盤放在桌上。
2. 示範以夾鉗姿勢拿夾子及如何施力夾取毛球。
3. 將小碗排放在托盤的右邊，透明碗放在托盤的左邊。
4. 從左邊的透明碗裡，夾取 1 個黃色小毛球，放入與毛球顏色相同（黃色）的小碗中。
5. 從左邊的透明碗裡，夾取 1 個藍色小毛球，放入與毛球顏色相同（藍色）的小碗中。
6. 邀請孩子自己做一次。
7. 當透明碗空了，將碗裡的毛球 1 個 1 個的放回透明碗中。

8. 邀請孩子完成活動。

9. 當活動結束後，請孩子將托盤收回層架上。

Tips

夾鉗姿勢指的是以拇指、食指與中指夾物的姿勢。

這個活動可以有很多變化，大人可以準備更多顏色的小毛球，或是不同大小、不同形狀的小毛球，讓孩子學習分類。

日常生活活動 ⑲

適用 2.5 歲 **滴管吸水**

教具

〔**托盤上**〕

・1 支滴管

・1 塊海綿

・2 個小杯子（1 杯裝水，放在左邊、1 個空杯，放在右邊）

- -

示範

1. 示範如何用食指、拇指尖端控制滴管。
2. 拿起滴管，用食指、拇指尖端捏吸杯中的水。
3. 將左邊杯子的水用滴管吸出，將滴管移至右邊杯子上方後，輕放滴管，使水滴入右邊的杯子中。
4. 繼續捏吸直到水杯的水全數被吸出。
5. 反方向再做一次。
6. 將滴在托盤上的水用海綿擦乾。
7. 當活動結束後，請孩子將托盤收回層架上。

日常生活活動 ⑳

適用 2.5 歲 開／關瓶蓋

教具

〔托盤上〕

- 1 張桌巾
- 1 個小籃子
- 4 ～ 6 組瓶蓋大小不一樣的罐子

請確認 1 個罐子只能搭配 1 個瓶蓋。

示範

1. 將桌巾攤開。
2. 將籃子放在桌巾左上方。
3. 示範如何開／關瓶蓋。
4. 拿出 1 個罐子，以左手（非慣用手）扶著瓶身，用右手（慣用手）將蓋子打開後放在桌巾中間。
5. 將罐子放在桌巾左上方，蓋子放在右上方，但不要對齊放。
6. 將打開的罐子與蓋子分別依序往下放，但是不要配對排放。

7. 當所有的罐子都被打開後，用左手（非慣用手）拿起 1 個罐子放在桌巾中間，再用慣用手拿起蓋子將蓋子蓋回去。

8. 將蓋好蓋子的罐子收回籃子內。

9. 邀請孩子完成活動。

日常生活活動 ㉑

適用 2.5 歲 打開／蓋上盒蓋

教具

〔托盤上〕

- 1 張桌巾
- 1 個小籃子
- 6 個有盒蓋，大小不一的盒子

請確認 1 個盒子只能搭配 1 個盒蓋。

示範

1. 將桌巾攤開，從層架上取出小籃子放在桌巾左上方。
2. 取出 1 個盒子放在桌子中間。
3. 使用右手（慣用手）打開盒蓋。
4. 將盒子放在桌巾左上方，盒蓋放在右邊（不要對齊放）。
5. 依步驟 2 ～ 4 繼續將蓋子打開，並將打開的盒子與蓋子分別依序往下放，但是不要配對排放。
6. 邀請孩子繼續活動。

7. 當所有盒蓋都打開後，拿起最左上方的盒子放在桌子中間。
8. 找出與它配對的盒蓋（不要在第一時間找出對的盒蓋）。
9. 將配對成功的盒子放回籃子裡。
10. 邀請孩子自己完成活動。

日常生活活動 ㉒

適用 2.5 歲 旋緊／旋開螺帽

教具

〔托盤上〕

- 1 個小籃子
- 5 組不同大小的螺帽／螺絲
- 1 把螺絲起子
- 1 張桌巾

請確認 1 個螺帽只能搭配 1 個螺絲。

示範

1. 將裝有螺帽／螺絲的籃子放在桌上。
2. 將籃子移到桌子左上方。
3. 攤開桌巾。
4. 左手拿起 1 組螺帽／螺絲。
5. 右手握住螺絲起子，示範以逆時針方向旋轉螺帽，把螺絲旋出螺帽。

6. 將螺絲放在桌巾右方。

7. 將螺帽放在桌巾左方。

8. 依照步驟 4 ～ 7 繼續完成剩下的螺帽／螺絲。

9. 拿起螺帽，找出與它配對的螺絲。

10. 反向操作，順時針旋轉將螺絲旋進螺帽，並放回籃子裡。

11. 邀請孩子繼續活動直到所有螺帽／螺絲都收回籃子裡。

12. 摺起桌巾。

13. 當活動結束後，請孩子將籃子收回層架。

日常生活活動 ㉓

適用 2.5 歲 **掛外套**

教具

〔托盤上〕
- 1 件外套
- 1 支衣架
- 1 個掛衣架

教具須依孩子身高準備。

示範

1. 將外套平放在地上（朝孩子的方向）。
2. 示範掛外套。將衣服前襟向兩側拉開，指著兩袖洞口，告訴孩子這是衣架放穿過的位置。
3. 將衣架兩放進外套裡，先將衣架一邊伸進左邊袖子，另一邊再伸進右邊袖子。
4. 接著將外套前襟合攏，將拉鍊拉好（參見 P.82）。
5. 最後掛在掛衣架上。

日常生活活動 ❷

適用 3 歲 **剪紙**

教具

〔托盤上〕

・1 把剪刀
・幾張長條紙張（畫好裁切線，如右圖）
・1 個裝長條紙張的盤子
・幾個小信封

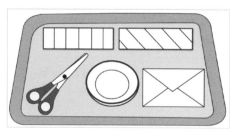

▲「剪紙」教具

示範

1. 將托盤放在桌上，然後移至孩子面前。
2. 輕輕地拿起剪刀，示範如何使用。
3. 拿出一張長條紙張，沿著裁切線條剪去最右邊的裁切線。
4. 將紙張慢慢往右邊移動，依序剪掉所有的裁切線。
5. 邀請孩子繼續剪下一張紙。
6. 當紙張都裁剪完後，將剪下的紙片放入信封內。
7. 當活動結束後，請孩子將托盤收回層架。

日常生活活動 ㉕

適用 3 歲 **彩色串珠**

教具

〔 **托盤上** 〕
· 1 條線尾打結的線
· 一些彩色珠子

示範

1. 將托盤放置在桌上，移至孩子面前。
2. 拿起線未打結的一端。
3. 以慣用手，用拇指和食指，拿起 1 顆珠子。
4. 將珠子串進線裡。
5. 繼續串入第 2 顆珠子。
6. 邀請孩子繼續活動。

Tips

年紀較小的孩子，可以選用較粗的棉線與洞口較大的木珠子來練習。

日常生活活動 ❷❻

適用 3 歲 **用螺絲起子旋緊／旋開**

教具

〔托盤上〕
- 1 片木板（在上面旋 3～5 個與跟螺絲起子相合的螺絲，大小、形狀要不同）
- 1 個淺籃子（放 3～5 把與螺絲相合的螺絲起子）
- 1 個小籃子

- -

示範

1. 將托盤放在桌上。
2. 以慣用手拿起一把螺絲起子。
3. 示範將螺絲起子對上螺絲的孔洞。
4. 找到配對的螺絲後，以逆時針方向將木板上的螺絲旋開。
5. 將旋開的螺絲放進籃子裡。
6. 詢問孩子是否願意繼續活動。
7. 依序將所有的螺絲都旋開。
8. 當孩子旋開所有的螺絲後結束活動。
9. 請孩子將托盤收回層架。

日常生活活動 ❷

適用 3 歲 **使用膠水**

教具

〔托盤上〕

- 幾張 14 x 14 公分的紙（在要黏膠水的地方畫上小點，注意不要太近，讓紙張黏起來後是 1 個圖形）
- 1 罐膠水
- 1 個小碗（放進幾張已經裁剪好的紙）
- 1 塊乾海綿

示範

1. 將托盤放置在桌上，然後移至孩子面前。
2. 拿起 1 張紙，不要說話，用食指指出紙上的小點。
3. 請孩子選擇 1 個圖形。
4. 打開膠水，示範將膠水塗在紙的小點上。
5. 將沾上膠水的各點黏起來。
6. 用乾海綿擦拭黏好的圖形，將多餘的膠水擦拭掉。
7. 將膠水的瓶蓋蓋緊。

8. 詢問孩子是否願意繼續活動。

9. 活動結束後，請孩子將教具收好。

Tips

開始活動前，請先確認孩子是否可以獨立旋開／關緊膠水的蓋子，請參見「開／關瓶蓋」（P.64）。

日常生活活動 ㉘

適用 3 歲 **使用攪拌棒**

教具

〔托盤上〕

· 1 個水壺（不要太重）
· 1 個大碗
· 1 個有蓋的罐子（內裝一點肥皂水）
· 1 支滴管
· 1 根攪拌棒
· 1 塊大海綿
· 1 條小毛巾

示範

1. 拿出托盤放在孩子面前。
2. 將教具依使用順序從左至右排列。
3. 請孩子在水壺裡裝一點水。
4. 接著將水壺的水倒進大碗中。
5. 將裝有肥皂水的罐子打開。
6. 拿起滴管，用食指、拇指尖端捏吸肥皂水。

7. 輕輕地在大碗中滴入 3 滴肥皂水。

8. 用慣用手握著攪拌棒攪拌至起泡沫。

9. 邀請孩子繼續活動。

10. 當活動結束後,請孩子將碗中的肥皂水倒掉。

11. 用海綿與毛巾將教具擦拭乾淨。

12. 將毛巾晾乾;拿另一條新的乾毛巾放在托盤上,並將教具收好。

13. 將托盤放回層架上。

Tips

可先讓孩子練習「倒水」(P.84)。

日常生活活動 ❷❾

適用 3 歲 **掃地**

教具

〔托盤上〕

- 1 個碗（放入一些剪碎的紙屑）
- 1 個筆筒（放入一支白色粉筆，在地上畫線用，或用易撕膠帶也可以）
- 1 把適合孩子身高的掃帚
- 1 組迷你掃把組（含小掃把、畚箕）

示範

1. 用粉筆畫出 1 個四方框，或用易撕膠帶粘貼出 1 個四方框（需比畚箕大一點）。
2. 將紙屑散放在方框四周。
3. 示範用掃帚將紙屑掃入方框中。
4. 再用迷你掃把組的掃把將紙屑掃至畚箕中，最後再倒回碗裡。
5. 邀請孩子做一次。

▲「掃地」活動的方框

日常生活活動 ㉚

適用 3 歲 **使用雞毛撢子**

教具

〔托盤上〕
・1 支雞毛撢子

示範

1. 指出需要打掃的位置。
2. 例如需要打掃的位置是架子,則需將架上的物品全數移出。
3. 示範使用雞毛撢子從左至右、上到下開始撢灰塵。
4. 待灰塵集中後,將垃圾桶移至灰塵下方;將雞毛撢子反向,將灰塵撢至垃圾桶。
5. 將移出的物品放回架子上。
6. 邀請孩子自己做一次。

Tips

　　雞毛撢子需放在固定的地方,讓孩子想打掃時可以輕易地拿到。

日常生活活動 ㉛

適用 3 歲　**洗手**

教具

〔托盤上〕

- 1 條防水布
- 1 個水壺（可事先裝一些溫水）
- 1 個水盆
- 1 塊小海綿
- 1 小塊肥皂
- 1 個指甲刷
- 1 條毛巾
- 1 個水桶
- 1 瓶護手霜

這項活動必須在適合孩子身高的洗手台上進行，或者是以臉盆在桌上進行。

示範

1. 將防水布鋪在桌上，並將教具從托盤取出，依使用順序從左至右排列。

2. 示範如何將洗手台上的水調整至溫水處；如果沒有適合孩子高度的洗手台，請大人將溫水裝進水壺裡。

3. 將水壺裡的水倒進水盆裡，用海綿將滴落在外面的水擦拭乾淨。

4. 幫孩子捲起袖子。

5. 將雙手放進水盆中。

6. 拿起肥皂，請孩子雙手搓揉至產生泡沫。

7. 依序清洗拇指、食指、中指、無名指及小指。

8. 仔細清洗手心與手背。

9. 將雙手放進水盆中用溫水洗淨。

10. 拿起指甲刷。

11. 將指甲刷刷些肥皂，如同洗手指頭一樣，按照順序刷洗指甲縫。

12. 將雙手放進水盆中用溫水洗淨指甲。

13. 拿起小毛巾將手擦乾。

14. 將水盆裡使用過的水倒進水桶。

15. 將毛巾晾乾。

16. 擠些護手霜，塗抹在雙手上（可省略）。

17. 請孩子將教具收回托盤，並放回層架上。

日常生活活動 ㉜

適用 3 歲 **衣飾框**

　　這個活動的目的是要讓孩子學習生活自理能力,像是照顧自己、自己穿衣及自己收拾物品。請先取 1 個木框,在木框的左側及右側各自以圖釘釘著上一塊布(開闔處對齊木框中線),在布中間的操作處,依下列教具列出的操作方式製作各種服飾釦,以便孩子正確學習打開或扣上。

　　雖然介紹活動最好的方式是從簡單到困難,但也不一定要依照下面的順序;重點是要求孩子自己動手做(如果孩子有鈕釦式外套,我們可以在教他拉鍊前,先教他扣釦子)。

　　下面是製作衣飾框所需的材料,您可以用同樣的概念幫孩子製做幾個簡易的教具。

教具

- 魔鬼氈
- 暗釦
- 大鈕釦／小鈕釦
- 拉鍊
- 皮帶扣(皮帶頭的形式)
- 蝴蝶結

・鞋帶（穿孔洞）
・安全別針

如果您無法製作衣飾框，也可以帶孩子直接在他的衣服上操作。

示範（以魔鬼氈為例）

1. 以非慣用手的拇指及食指拿起一側布，以慣用手拿起另一側的布。
2. 從最上面輕輕地將魔鬼氈撕開。
3. 將布料打開攤開平放在衣飾框的兩側。請孩子將手放在衣飾框中間處。
4. 先將左邊的布向中間闔上。
5. 再將右邊的布也闔上。
6. 從上至下按壓接合處的魔鬼氈使它黏緊。
7. 邀請孩子自己做一次。

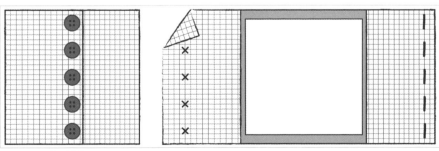

▲鈕釦衣飾框

日常生活活動 ㉝

適用 3 歲 **倒水**

教具

〔托盤上〕

- 1 個水壺（不要太重，裝入有顏色的水，可使用食用色素）
- 1 個杯子（用油性筆畫上或用膠帶貼上一條止水線，約七分滿處）
- 1 塊小海綿

- - - - - - - - - - - - - - - - - - - -

示範

1. 拿出托盤放在孩子面前。
2. 指出杯子上的止水線給孩子看，不要說話。
3. 示範如何使用以慣用手的拇指及食指、中指拿起水壺的握把；另一隻手的食指托住壺口以控制出水量。
4. 拿起水壺，以壺口不碰觸到杯子的方式將水緩緩地倒出。
5. 將水倒至杯子畫線處。
6. 請孩子仔細觀察杯子。
7. 將水壺四周或者滴落在托盤上的水珠用海綿擦拭乾淨。
8. 將杯子中的水倒回水壺。
9. 邀請孩子自己做一次。結束後請孩子將教具收回層架上。

日常生活活動 ㊻

適用 4 歲　削皮

教具

〔托盤上〕

・1 顆水果或蔬菜（需削皮如小蘋果／紅蘿蔔）
・1 把削皮器（適合兒童用的）
・1 個碗（可以放進蔬果的大小）

- -

示範

1. 將托盤放在孩子面前。
2. 用慣用手握住削皮器，另一隻手拿起水果或蔬菜。
3. 將蔬果放在空碗上方，開始示範如何削皮；如果是水果請由上往下削，如果是蔬菜請由內往外削，將皮削入碗中（不要對著自己削皮）。
4. 請孩子自己嘗試做看看。

日常生活活動 ❹

適用 **4** 歲 切水果／蔬菜

教具

〔托盤上〕

· 1 顆水果或蔬菜（不要太硬，如香蕉、小黃瓜）
· 1 塊砧板
· 1 把水果刀
· 1 個小碗

- -

示範

1. 將托盤放在孩子面前，將砧板及水果放在桌子上。
2. 用慣用手垂直拿起水果刀，另一隻手扶著水果或蔬菜。
3. 將刀子放在蔬果上方，輕輕往下壓。
4. 開始切蔬果。
5. 將切好的蔬果放進碗內。
6. 請孩子自己試看看。

日常生活活動 ❹

適用 4 歲 塗抹果醬

教具

〔托盤上〕
・1 塊砧板
・1 個罐子（內放一些抹醬）
・幾片土司或小麵包或餅乾
・1 把抹刀
・1 個小盤子

示範

1. 將托盤放在孩子面前，將砧板及麵包放在桌上。
2. 示範將抹醬的罐子打開。
3. 用慣用手拿起抹刀，另一隻手拿起 1 片土司或餅乾。
4. 用抹刀沾些抹醬抹在麵包上。
5. 輕柔地將抹好醬的麵包放在盤子上。
6. 邀請孩子自己試看看。

日常生活活動 ❹

適用 4 歲 **榨果汁**

教具

〔托盤上〕
- 1 個容器（裝 1 粒切半的柳橙）
- 1 台榨汁機
- 1 個杯子
- 1 塊小海綿
- 1 個碗

示範

1. 拿出托盤放在孩子面前。
2. 拿起半顆柳橙。
3. 用慣用手以夾鉗姿勢拿起半顆柳橙。
4. 將柳橙放入榨汁機，用慣用手開始按壓榨果汁。
5. 將榨好的果汁倒入杯子中。
6. 用海綿將不小心滴出的果汁擦乾淨。
7. 將柳橙皮放入碗中。
8. 邀請孩子拿另一半的柳橙自己試看看。

9. 拿海綿將滴在附近及托盤上的果汁擦乾淨。

Tips

夾鉗姿勢指的是以拇指、食指與中指夾物的姿勢。

日常生活活動 ⑤

適用 4 歲 **擦拭桌椅**

教具

〔托盤上〕
- 1 張防水布
- 1 個水壺（裝有冷水，如果孩子可以自己裝水就準備空水壺）
- 1 塊小海綿（放在小碗內）
- 1 把刷子
- 1 塊肥皂（放在小碗內）
- 1 條抹布

示範

1. 將托盤放在我們即將要擦拭的桌子或椅子旁邊。
2. 如果選擇清洗椅子，請將椅子放在攤開的防水布上。
3. 將用具依照使用順序排列出來。
4. 將水壺內的水倒一點到裝有海綿的碗中。
5. 拿起海綿並擰乾。
6. 依椅子的邊線，從左至右、上到下的順序開始擦拭。
7. 將海綿放回碗中。

8. 拿起刷子沾一點肥皂。

9. 用刷子以逆時針的方向畫圈，將椅子刷乾淨。

10. 再次拿起海綿以水平畫線的方式將泡沫擦乾淨。

11. 將海綿放至托盤上。

12. 拿起抹布將椅子擦乾。

13. 請孩子自己動手做看看。

Tips

　　這個活動有很多步驟，所以必須完整示範一次，並且多次示範，才能讓孩子明白所有的執行順序。

日常生活活動 ❺

適用 4 歲 **洗衣服**

教具

〔托盤上〕

· 1 件工作服
· 1 個裝溫水的水壺（如果孩子可以自己裝水就準備空水壺）
· 1 個水盆（放 1 塊洗衣板）
· 1 塊海綿
· 1 個瓶子（內裝一些洗衣精）
· 1 個洗衣籃（內放 1 件襯衫，請使用真的衣服，而不是玩具）
· 1 把刷子
· 1 個空水盆
· 1 個籃子（內放 1 個衣架與 1 組衣夾）
· 1 個水桶（倒髒水）

示範

1. 幫助孩子拿出他的工作服。
2. 將水壺的水倒入有洗衣板的水盆裡，用海綿將濺出來的水擦乾淨。

3. 打開瓶子倒入些許清潔劑至水盆裡。

4. 將衣服放進有洗衣板的水盆裡。

5. 將衣服放在洗衣板上用刷子刷洗乾淨。

6. 再次將水壺裝滿乾淨的水。

7. 將水倒進第 2 個空水盆裡，將濺出的水用海綿擦乾淨。

8. 將刷洗乾淨的衣服放進裝有乾淨水的水盆裡。

9. 將衣服沖洗洗淨、擰乾。

10. 將衣服晾在晾衣架上。

11. 用衣夾夾好。

12. 將髒水倒進水桶。

13. 邀請孩子自己試看看。

Tips

　　孩子必須擁有良好的專注力才能進行，因為這項活動時間很長；另外，還要確定孩子會使用衣夾。

日常生活活動 ❺❷

適用 4 歲 **擦拭鏡子**

教具 （擦鏡子用，也必須準備另 1 組教具來擦拭物品）

〔托盤上〕

· 1 張防水布

· 1 面鏡子

· 些許小蘇打粉（溶於溫水中，放進罐子裡）

· 一些棉花（裝在容器裡）

· 1 個空碗

· 幾根棉花棒（放在容器裡）

· 1 條小毛巾

- -

示範

1. 拿出托盤放在孩子面前。
2. 將防水布從左上方開始攤開放在桌上。
3. 將用具依使用順序由左至右排列。
4. 將鏡子放在防水布中間。
5. 打開裝小蘇打水的罐子。
6. 用慣用手以夾鉗姿勢拿起 1 塊棉花。

7. 用棉花沾一些小蘇打水，從鏡子左至右，上至下擦拭。

8. 將用過的棉花放進空碗裡。

9. 再拿起 1 塊棉花，一樣從鏡子上方以逆時針的方向畫圈擦拭（寫字母的順序）。

10. 將用過的棉花放進空碗裡。

11. 換新的棉花擦拭直到鏡子乾淨。

12. 以夾鉗姿勢拿起棉花棒，沿著鏡緣邊框擦拭。

13. 將用過的棉花棒放進空碗裡。

14. 再用毛巾擦拭。

15. 將用過的棉花倒進垃圾桶。

16. 請孩子自己動手試看看。

17. 活動結束後將教具收回原狀。

Tips

夾鉗姿勢指的是以拇指、食指與中指夾物的姿勢。

日常生活活動 ❸

適用 4 歲 **縫釦子**

教具

〔托盤上〕

· 幾塊布（放在容器中）

· 1 捆縫線

· 1 把剪刀

· 幾根縫針（裝個碗裡）

· 幾個美麗的釦子（裝在容器裡）

· 1 個針包

- -

示範

1. 拿出托盤放在孩子面前。

2. 拿起 1 塊布。

3. 拿起縫線，用剪刀剪一段線。

4. 拿起 1 根線針，將線穿過針頭。

5. 在線的尾端打 1 個結。

6. 選 1 顆釦子。

7. 將釦子放在布中央，讓針穿過釦子的洞與布的下方，然後一上一下將釦子縫好。

8. 縫好後將線頭打結以剪刀剪斷縫線取出針，插在針包上。

9. 要求孩子做一次。

Tips

　　這項活動比較複雜，不要太早讓孩子做，且活動中要特別注意安全。

日常生活活動 ❺❹

適用 4 歲 **擦玻璃**

教具

〔托盤上〕
- 1 件工作服（舊襯衫）
- 幾個噴罐（裝白醋水或檸檬水）
- 1 把窗戶刮刀
- 1 條毛巾

示範

1. 穿上工作服。
2. 從玻璃左上方至右擠壓噴罐，噴灑醋水。
3. 使用清洗窗戶的刮刀由上往下刮。
4. 用毛巾將窗戶擦拭乾淨。
5. 邀請孩子動手做。

Tips

注意不要讓孩子噴太多清潔液在窗戶上。

日常生活活動 ⑤

適用 4 歲 **種植物**

教具

〔托盤上〕

・1 件工作服
・1 張防水布
・幾個小花盆（讓孩子可以將種籽種下）
・1 支小鏟子
・1 碗培養土
・1 小碗種籽
・1 個水壺（裝冷水，如果孩子可以自己裝水就準備空水壺）
・1 個澆花器（適合孩子的尺寸）
・1 塊小海綿
・1 條抹布

示範

1. 請孩子穿上工作服。
2. 將防水布攤開。
3. 將使用工具依序從左至右排開。

4. 選擇 1 個種植盆栽用的花盆。

5. 用小鏟子將培養土挖入花盆中。

6. 以食指在培養土中間挖 1 個小洞。

7. 以夾鉗姿勢拿起 1 顆種籽，放入挖好的小洞裡。

8. 再用小鏟子將洞填滿土。

9. 將水壺的水倒進澆花器中。

10. 將澆花器的水澆到盆栽裡；將灑出的水用海綿擦乾淨。

11. 用抹布將小鏟子擦拭乾淨。

12. 將工具收回托盤上，如果防水布髒了，請擦拭乾淨。

13. 請孩子自己動手試看看。

Tips

夾鉗姿勢指的是以拇指、食指與中指夾物的姿勢。

日常生活活動 56

適用 4 歲 **照顧植物**

教具

〔托盤上〕

· 1 個澆花器
· 1 塊微濕的海綿

示範

1. 將托盤放在要照顧的植物旁邊。
2. 將枯萎的葉子摘下來，放進垃圾桶。
3. 將澆花器的水澆到盆栽裡。
4. 以慣用手拿微濕的海綿輕柔地擦拭每片葉子，用另一隻手托著葉子。
5. 邀請孩子自己做一次。

日常生活活動 ❺❼

適用 4 歲 **照顧動物**

教具

〔托盤上〕

· 在托盤上放置照顧動物需要的工具

- -

示範

1. 托盤上的工具可視孩子所飼養的寵物來進行調整，但需放置照顧
   孩子寵物的所有工具。

PART 2
感官生活

感官活動的準備與示範

蒙特梭利教育的宗旨是培養孩子的五感：適當的教學方式可以讓孩子藉著動手做來刺激感官，例如視覺、觸覺、聽覺、味覺、嗅覺、前庭覺、本體覺等，增進對顏色、聲音、形狀、觸感、重量、氣味、速度等的感受。

孩子會發現原來人是用感官來認識世界，當孩子的感覺愈靈敏、細膩，那麼他就愈能同理自己所生活的世界。成人之後要再度開發感官的敏感度是有困難的，所以如果我們想要讓孩子的五感得到完全的發揮，必須從小就開始訓練。

瑪麗亞・蒙特梭利設計了可以訓練孩子的感官活動：

● 透過動手做來認識五感。

● 利用排列來認識秩序。

● 將事物普及化、概念化。

Tips

> 孩子會發現原來人是用感官來認識世界。

瑪麗亞・蒙特梭利讓孩子透過感官來認識世界，並藉由動手做來感知、發現更多細節，而成為有自主意識的觀察家。孩子將藉由動手做讓視野更寬廣、豐富，並以更精確的方式來辨別事物。

我們可以幫助孩子漸進式地發展五感，並藉由環境佈置及活動設計來激發孩子的適應力。

除此之外，感官開發可以讓我們及早發現孩子先天上的聽覺或

視覺等缺陷等，以達早發現早期治療的目的。

　　瑪麗亞‧蒙特梭利曾提及，美來自和諧，當我們使用一些技巧來感知它，大自然與藝術的和諧美將會取代表面的感官認知。當我們愈常使用感官，就愈能發展出對細微事物的觀察力，使五感更為敏銳。人的壞習慣來自對世俗歡愉的追求，事實上，過度的刺激並無助於感官發展，但是強烈的感官刺激可以為人帶來快樂，所以我們必須接受一些高強度的刺激。

　　感官生活同時也反映出孩子對於秩序的敏感度，孩子會將事物排列並培養出專注力；而且也能夠發展辭彙，尤其是比較性的字詞，例如：比較光滑、比較粗糙、比較乾淨、比較深。

　　發展感官的同時也能提升閱讀能力。事實上，孩子在閱讀的時候需要分辨讀音，如果孩子有很敏銳的聽覺，就可以輕易地分辨出相似字，例如字母「M 與 N」（或是注音的ㄗ與ㄓ）。同樣地，如果孩子的聽覺記憶能得到良好的發展，他就可以輕易地辨別及回想起語言中的每一個音。

　　如果孩子受到較好的視覺訓練，那麼每個辭彙對他來說都不相同，可以輕易地記住。

Tips

感官發展也能夠提升孩子的閱讀力。

準備感官教具

　　感官活動的教材必須個別準備，一次只訓練一種感官，事實上，

愈單一的訓練，愈能發展出敏感的感官。

這也是為什麼當我們要向孩子介紹如聽覺活動時，聽覺瓶內所使用的物品顏色得保持一致，如此才能讓孩子明白：顏色不會影響聲音，聽覺瓶所發出的聲音差異與顏色不相關。

同樣地，進行觸覺活動時，最好將孩子的眼睛矇起來，不要讓視覺干擾觸覺。例如請孩子以手觸摸籃子裡的布料進行分類時，若不遮住眼睛，他可能就會用眼睛看，而不是用手摸。如果孩子不願意眼睛被矇住，也可以換個方式，用布或毛巾將教具籃蓋住，請孩子伸手進去觸摸。

通常我們一開始會準備一組相同質地的物品，接著再將成對的物品分開並要求孩子分類，讓孩子認識物品的相似與相異處。

我們可以準備很多不同種類的教具來讓孩子進行分類。重要的是，要用同一個標準來分類不同的項目，例如假使我們選擇依「顏色」分類，那麼物品的形狀就要一致；相反地，如果選擇依「形狀」分類，那麼物品的顏色就要相同。

另外，一開始物品的數量也應有所限制，先讓孩子完成活動，之後再慢慢地增加。

選用的教具要有美感，以協助孩子感官認知的發展，並讓其更樂於參與活動。

教材應註記解答方便孩子進行自我訂正，落實錯誤檢查。

所有感官活動的教具應依五感分類放在同一個層架上，教具的順序應由簡單到困難，由左而右，由上到下放置，每項教具收放在托盤上或籃子裡。

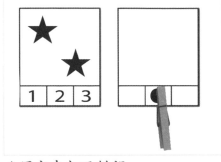

▲用衣夾訂正錯誤

此外，大人也應依季節、節慶或者是孩子的重要日子來更換托盤或籃子裡的物品，例如秋天的時候，我們可以準備堅果，如榛果與橡實讓孩子分類；聖誕節時則可準備不同大小的雪花圖片讓孩子由簡單到複雜排列出來。

重要的是，應讓孩子的五感得到均衡的發展，我們常常只會注意到視覺、觸覺與聽覺（尤其是音樂）而忽略了嗅覺跟味覺。

感官活動的教材可以用很少的費用自己在家製作。

感官活動介紹

教材的準備就如同日常生活活動一樣，首先得詢問孩子是否願意開始新活動，如果孩子同意，則請大人陪孩子一起去層架上拿取教具，然後再慢慢向孩子解說並示範活動步驟，如果孩子有興趣就請他繼續活動或者自己嘗試做一次。

活動結束後,也需要求孩子自己整理教具。

大人示範完活動後不要留在孩子身邊,應由孩子自己完成活動,以協助孩子發展自制力及獨立完成活動的能力。

同樣地,也應讓孩子選擇自己想做的活動,不應由大人替他決定或選擇。

感官活動 ❶

適用從出生開始 **黑白圖像**

· 孩子從出生開始就會盯著他身旁的物品,但是這樣東西必須很靠近他而且具有對比性。
· 請製作或者是剪下黑白圖片(動物、抽象圖)護貝後放在孩子的搖籃或嬰兒床四周及上面等視線可及處。

感官活動 ❷

適用從出生開始 **嬰兒吊飾**

　　在寶寶剛出生的前幾週，嬰兒吊飾可以幫助寶寶用眼睛來探索世界，同時也能發展出觀察靜態、動態及顏色、形狀等能力；大人可以經常更換嬰兒吊飾，汰換的嬰兒吊飾可以掛在家中其他地方當擺設。

　　這是純粹的視覺活動，因此最好選擇天然材質、只會因空氣流動而輕微晃動的單純產品（不要有音樂、會自動旋轉的），且在寶寶一出生就替他掛上。嬰兒吊飾的分類：

- **穆納里黑白吊飾（Munari）**：由黑白幾何圖形與一顆可以反射燈光的透明圓球組成。
- **哥比漸層球吊飾（Gobbi）**：由五個相同顏色的毛線球以階梯式懸吊，且顏色由淺至深往下排列。
- **八面體吊飾（octaèdres）**：以基本的三原色製作三個八面體紙球。
- **舞者吊飾（danseurs）**：用彩色金屬紙製作簡單的跳舞小人形剪紙，讓他們可以隨著微風晃動。

　　或者也可以用木頭來製作小吊飾，並且塗上鮮豔的顏色；請注意，製作時請選擇實物會飛的，如飛機、鳥、蝴蝶等，而不是實物不會飛的，如大象或車子等。

　　嬰兒吊飾要懸掛在低矮處，以便讓孩子隨時觸摸到。一開始寶寶會以笨拙的方式拍打吊飾，但漸漸地孩子會自己找出觸摸及玩吊飾的方式，有助於培養專注力與肌肉張力。

▲穆納里黑白吊飾

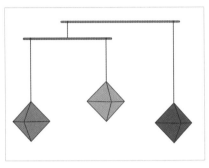

▲八面體吊飾

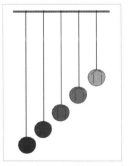

▲哥比漸層球吊飾

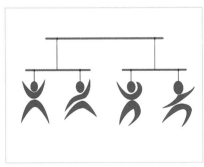

▲舞者吊飾

感官活動 ❸

適用 2 個月 **不同材質的球**

　　不同觸覺經驗的訓練不僅可以幫助孩子發展五感,更可建立孩子對世界的認識。大人可以準備不同材質的球(金屬球、棉球、木球、橡膠球等),兩兩一組,那麼孩子在一開始只會有一種感官經驗,他可能會觸摸球、咬球、旋轉球。

　　之後隨著孩子月齡的增長,孩子可能會試著依觸感將一樣的球配對;同樣地,我們也可以將球放進不透明的袋子裡讓孩子觸摸、配對。

感官活動 ❹

適用 3 個月 **懸掛的嬰兒玩具**

　　寶寶一開始為無意識活動階段，所以我們應準備懸掛式兒童玩具，例如：懸掛有小鈴鐺跟木環的支架。（請參照 P.127）

　　將綁有小鈴鐺與木環的緞帶分別綁在不同的堅固支架上（請注意，需綁緊，以免寶寶拉扯後掉落），然後懸吊在寶寶胸口上方，方便他隨時觸摸與揉捏。

　　我們通常將小鈴鐺與木環懸掛在有彈性的線上。

　　在這個時期，寶寶會無意識地去觸摸懸吊物，看著懸吊物在他碰觸、鬆手後又彈回原位，他會因為這樣的動作很快地意識到自己的行為對環境造成的影響。

感官活動 ❺

適用 6 個月 **製作感官瓶**

教具

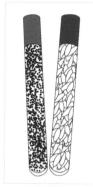

〔托盤上〕

· 幾個透明塑膠瓶（或乾淨、透明的長形塑膠試管）
· 一些彩色亮片
· 一些石蠟油（或礦物油）
· 一些米跟扁豆
· 1 支壓膠槍

▲感官瓶

示範

1. 將試管洗淨、晾乾。
2. 在試管中分別加入米或扁豆及石蠟油，並在距離管口 1 公分處，放入亮片。
3. 用壓膠槍將瓶蓋黏住。

Tips

　　讓孩子觀察盛裝不同內容物的瓶子或試管，提供感官刺激，1 年後進行「配對活動」時，可再將瓶子或試管拿出來，讓孩子進行感官活動，為試管配對。

　　內容物可隨製作主題變化，如四季感官瓶、生態感官瓶等。

感官活動 ❻

適用 8 個月 有聲書

　　有聲書是提升孩子聽覺的重要訓練，同時也能夠增進孩子的專注力、記憶力、聽力、對世界的理解能力，為日後的閱讀能力做準備。

　　大人可以選擇不同類型的有聲書讓孩子聽，像是農場動物、莫札特音樂等；孩子只要動動手指就會有聲音跑出來。

感官活動 ❼

適用 18 個月 **形狀配對**

　　分類相同物品並進行配對的能力是心智與身體發展的一個過程，同時也是培養數學能力的基石。

教具

〔托盤上〕

・20 張圖卡（兩兩 1 組）

・1 個盒子

・1 張地毯

> 如果您有一套彩色形狀圖卡，可以將它們用在這個遊戲裡，或者也可以自行製作 1 套不同形狀的彩色配對圖卡，例如：1 組大的紅色正三角形、1 組大的藍色正方形、1 組大的黃色圓形、1 組大的綠色菱形等。

示範

1. 邀請孩子來進行遊戲。
2. 可以讓孩子攤開地毯。

3. 將托盤放在地毯上，並由左至右將圖卡排列出來。

4. 介紹每張圖卡，例如說：「這是大的紅色三角形。」然後將它放在相同圖卡下方。

5. 將所有圖卡配對完成後，重新洗牌，邀請孩子自己試一次。

6. 當孩子完成後，請孩子將圖卡收回盒子裡。

7. 然後將盒子收回層架上。

Tips

　　如果孩子的年紀很小，請準備兩組形狀差異很大的圖卡即可，例如大的紅色三角形和大的藍色正方形，其他形狀的圖卡待孩子大些再使用。

感官活動 ❽

適用 18 個月 **誘鳥笛配對 1**

教具

〔托盤上〕
· 3 組誘鳥笛
· 1 張小地毯

- -

示範

1. 將誘鳥笛從左至右水平排列出來。
2. 拿起 1 支誘鳥笛吹響,請孩子仔細聽聲音。
3. 拿起另 1 支誘鳥笛吹響,並一一吹完其他的誘鳥笛。
4. 拿起 1 支誘鳥笛吹響後放在地毯上方,然後說:「現在我們要找聲音一樣的誘鳥笛。」
5. 繼續吹響其他誘鳥笛,直至找到發出一樣聲響的誘鳥笛。
6. 將誘鳥笛放排在第 1 支誘鳥笛的右邊,配成對。
7. 繼續將聲音相同的誘鳥笛配成對,並放置在第一對的下方。
8. 要求孩子繼續完成活動。

感官活動 ❾

適用 18 個月　**誘鳥笛配對 2**

教具

〔托盤上〕
· 3 支誘鳥笛
· 3 張與誘鳥笛相同叫聲的鳥類圖卡

- -

示範

1. 向孩子介紹圖卡上的鳥類名稱。
2. 將圖卡從左至右水平排列。
3. 拿起 1 支誘鳥笛吹響它，然後告訴孩子這個聲音屬於圖卡上的哪隻鳥。
4. 將誘鳥笛放在屬於它的圖卡上方。
5. 繼續依照上述示範完成活動。
6. 要求孩子自己做一次活動。

感官活動 ❿

適用 18 個月 **記憶遊戲**

教具

〔托盤上〕
・3 組圖卡（1 組 1 個主題）

- -

示範

〔活動 1〕
・讓孩子看到圖卡正面，並且向他解釋怎麼做：拿出 1 張圖卡，並請孩子將圖卡放在另 1 張相同圖卡的旁邊；依照上述示範完成剩下的圖卡配對。

〔活動 2〕
・**將圖卡蓋上的遊戲**：將圖卡蓋上，請孩子翻開 1 張圖卡後再翻另 1 張，若是可配對的圖卡則請孩子將圖卡放在另 1 張相同圖卡的旁邊；若不是則將圖卡蓋上，再翻開另 1 張圖卡直到找到配對的圖卡；依照上述示範完成剩下的圖卡配對。

感官活動 ⓫

適用 18 個月　**色板分類 1**

教具

〔托盤上：3 組色板〕

- 6 塊紅色
- 6 塊藍色
- 6 塊黃色
- 1 個木盒（能夠裝入所有色板，將 3 組色板分別整理放入）
- 1 張地毯

> 若沒有色板也可以使用木積木代替。

示範

1. 邀請孩子與您一起參與活動。
2. 請孩子將地毯攤開並將托盤放在地毯上。
3. 將色板依顏色一疊疊拿出來放在地毯外面；取 1 塊紅色色板放在地毯左上角。

4. 依序在紅色色板的右邊排上 1 塊藍色板子與 1 塊黃色色板，使色板排成一列。

5. 將地毯外的色板隨意散放在地毯四周。

6. 找到 1 塊紅色色板排在第一列紅色色板的下方。

7. 依照上述示範繼續完成 1 塊藍色色板與 1 塊黃色色板。

8. 將色板重新混合。

9. 邀請孩子動手做，如果孩子猶豫著不知如何下手，請您將色板依顏色分組排好，然後一次拿起 1 塊色板告訴孩子，「這是紅色的色板」，再開始活動。

10. 將色板疊好，收回層架上。

Tips

　　我們可以準備不同形狀的色板讓孩子嘗試分類，或也可以邀請孩子將家務分類，例如摺衣服時將上衣與褲子分類，或一起完成其他日常生活活動，隨時更換分類內容可以讓孩子保持新鮮感，如果孩子還無法獨立完成，我們可以用「一人做一次」的方式來示範。

感官活動 ⑫

適用 18 個月 **形狀分類**

分類活動中融合了感官與數學訓練，使孩子的大腦可以得到充分的發展。

教具

〔托盤上〕

· 1 個大容器（有蓋子）
· 2 個碗
· 2 種不同類型的物品各 5 個（例如 5 個積木、5 顆小球）
· 1 張地毯

> 將不同類型的物品全部放入大容器中混合。

示範

1. 邀請孩子一起參與活動。
2. 請孩子攤開地毯。
3. 將托盤子放在地毯上，與孩子一起坐在地毯上。

4. 將容器的蓋子打開放在一邊。

5. 將兩個碗放在地毯上。

6. 拿起 1 塊積木，告訴孩子：「這是 1 塊積木。」將積木放在左邊的碗內。

7. 拿起 1 顆球，告訴孩子：「這是 1 顆球。」將球放在右邊的碗內。

8. 注意物品的擺放要由左至右，但是如果孩子要以不同方向進行也可以。

9. 繼續將大容器內的積木及球分類。

10. 將碗裡的積木及球取出重新放入大容器內混合。

11. 讓孩子自己分類。

12. 將教具收回托盤中，如果孩子有興趣就讓他繼續玩。

Tips

　　您可以使用任何類型的物品進行分類，但被分類在一起的物品必須是同類。

感官活動 ⑬

適用 18 個月 尺寸分類

　　和顏色及形狀分類相同，我們也可以進行尺寸分類，讓小孩分辨大小。

　　我們可以準備 9 顆大小不同、顏色相同的鈕釦（3 顆小的、3 顆中的、3 顆大的）讓孩子進行分類，並依鈕釦大小分別放進 3 個盤子內；或者是準備長短不同、但顏色相同的吸管（3 支短的、3 支中的、3 支長的）讓孩子進行分類，並依長短不同分別放進 3 個杯子內。

　　請注意，所有分類的物品必須相同顏色、相同形狀，僅能依尺寸不同來作分類。

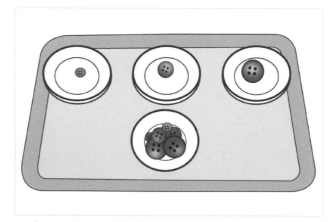

▲「尺寸分類」托盤

感官活動 ⓮

適用 18 個月　四季分類

提醒您，一次一個錯誤檢查點！也就是說如果您決定讓孩子進行顏色分類，那麼準備的物品形狀與尺寸就要相同；如果選擇用形狀分類，那麼顏色和尺寸就得相同。

冬天的時候可以分類不同顏色的葉子：準備 3 個杯子來分類不同顏色的葉子（例如 3 片紅的、3 片綠的、3 片金黃的）。

春天的時候可以分類不同尺寸的花形鈕釦：準備 3 個盤子及形狀、顏色都相同的鈕釦（例如 3 個小的、3 個中的、3 個大的）。

夏天的時候可以準備一些不同種類的物品：準備 3 個盒子來分類夏日用品（例如 3 頂草帽、3 支太陽眼鏡、3 雙海灘拖鞋）。

秋天的時候可以分類果實：準備 3 個杯子來分類果實（例如 3 顆杏仁果、3 顆榛果、3 顆栗子）。

當孩子已經會運用手部運動機能來分類物品並且知道如何使用輔助器具時，您可以準備其他物品，像是夾子、鑷子、湯匙讓孩子進行分類活動時使用。

PART *2*

感官生活

感官活動 ⑮

適用 18 個月 神秘袋配對

教具

〔托盤上〕
- 2 個布袋（20x30 公分，分別綁上紅色與藍色繩子）
- 3 ～ 4 組不同的物品
- 1 張地毯

> 準備的物品可以是 2 個方形積木、2 輛小汽車、2 顆圓形鈕釦；並分別將各組物品中的 1 個，分別放入袋子中（各組物品的顏色、大小、形狀均需相同）。

示範

1. 將袋子放在地毯或桌上。
2. 將 1 個袋子給孩子，大人保管另 1 個。
3. 大人從袋子中取出 1 個物品。
4. 告訴孩子：「我摸到 1 個鈕釦。」然後將物品取出來，說出它的名稱：「這是鈕釦。」

5. 將取出的物品放在地毯左上方。
6. 詢問孩子，「你可以在另 1 個袋子中找出一樣的物品嗎？」
7. 待孩子取出後，將這組物品放在一起。
8. 繼續完成剩下的配對。
9. 當孩子都可以取出正確的配對物品時，讓他自己繼續這個活動。

PART **2**

感官生活

感官活動 ⓰

適用 18 個月　**色板分類 2**

教具

〔托盤上：3 組色板〕

· 2 塊紅色

· 2 塊藍色

· 2 塊黃色

· 1 個小盒子（能夠裝入所有色板，將 3 組色板分別整理放入）

- -

示範

〔活動 1〕

1. 在地毯或桌上進行活動。

2. 以夾鉗姿勢拿取色板的邊緣，將它們 1 塊 1 塊拿出來。

3. 將色板散放在地毯或者桌上。

4. 用夾鉗姿勢拿起 1 塊紅色色板放在桌上。

5. 拿起另 1 塊紅色色板放在第 1 塊色板旁邊。

6. 再拿另 1 塊藍色色板放在紅色色板的下方，問孩子：「你可以幫我找到另 1 塊相同顏色的色板嗎？」

7. 繼續完成其他色板的配對。

〔活動 2〕

1. 將色板 1 組 1 組收好。

2. 使用「三階段教學法示範」來教孩子顏色的名稱：

・**第一步**：「今天我示範這三種顏色的名稱：紅色（拿起紅色色板）、
藍色（拿起藍色色板）、黃色（拿起黃色色板）。」

・**第二步**：跟孩子說：「請拿紅色色板給我」，完成後說：「請拿
藍色色板給我」，最後說：「請拿黃色色板給我」；待孩子都完
成後，再將色板重新混合，再次說：「請拿藍色色板給我，拿黃
色色板給我，拿紅色色板給我」；待孩子完成後，再次混合色板，
並重複上述動作，直到孩子完全記住顏色名稱。如果孩子回答錯
了，必須回到第一步重新開始，不可以說：「錯了」、「不是」、
「不對」。

・**第三步**：拿起 1 塊色板問孩子：「這是什麼顏色？」之後繼續詢
問另外兩塊色板的顏色。

感官活動 ❶

適用 2 歲 **幾何排列**

運算能力是踏入數學領域的關鍵,這項練習可以及早協助孩子認識及建立這項技能。

教具

- 10 個大的紅色三角形
- 10 個小的黃色圓形
- 10 個大的藍色正方形
- 1 個盒子(內裝上述幾何形狀拼板)
- 1 張地毯

示範

1. 邀請孩子在地毯上一起進行活動。
2. 請孩子攤開地毯,大人將盒子放在地毯上。
3. 示範以藍色正方形與紅色三角形與開始練習排列組合,如取 1 個藍色正方形與 5 個紅色三角形,排列在地毯最上方。

4. 嘗試配對出可能的排列組合，例如 1 個紅色三角形＋1 個藍色正方形＋4 個紅色三角形，排列在步驟 3 的下方，並於下方再排放一次相同的組合。

5. 將所有幾何形狀拼板混合後重新讓孩子試一次。

6. 無論採用哪種排列組合練習，都要讓孩子自己從中找到樂趣，例如排列他想要的組合。

7. 與孩子一起將教具收回盒子內。

Tips

　　待孩子成功完成活動後，可以嘗試另一種排列組合的練習。例如，準備 3 組圖形。於紙上畫出六格方格，並於紙的右方排列 1 組示範組合：黃色圓形＋紅色圓形＋綠色圓形。大人在方格裡依序排列出示範圖形，第 1 組：黃色圓形＋紅色圓形＋綠色圓形。第 2 組：黃色圓形＋紅色圓形，後面應該是什麼圖形？請孩子排看看。（如下頁圖所示，應為綠色）

　　如果孩子在活動進行中沒有感到困擾，我們可以將活動延伸，準備其他型態的物品來進行，例如鈕釦、衣夾或者其他有趣的小物品，讓孩子排列組合。若孩子的年後低於 2 歲，準備的物品每種以三樣為限，且若使用鈕釦等物品需注意安全。

　　每次拿起一個形狀就必須告訴孩子正確的名稱，例如：「大的紅色三角形」、「大的藍色正方形」；或許孩子還沒有能力說出一樣的句子，但重要的是說給孩子孩子聽。

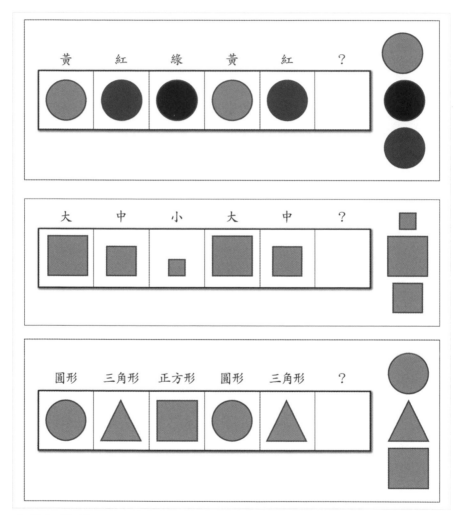

▲幾何排列

感官活動 ⑱

適用 2.5 歲　放大鏡圖片配對

教具

〔托盤上〕

· 4 組圖片（每組需有 1 張正常大小的圖片與另 1 張縮小至須用放
　大鏡看的圖片）

· 1 支放大鏡

· 1 張地毯

> 請大人在每組圖片背面貼上相對應的顏色貼紙，以方便孩子錯誤檢查，例
> 如：香菇貼上藍色貼紙、樹葉貼上紅色貼紙。

示範

1. 在地毯的左邊，將正常大小的圖片排成一行。
2. 在地毯的右邊，將縮小至須用放大鏡看的圖片排成一行。
3. 拿起左邊的第 1 張圖卡。
4. 拿起放大鏡，從上至下檢視右邊的圖片。

5. 找出與左邊第 1 張圖卡一樣的圖片後，將它排放在圖卡的右邊。
6. 將剩下的圖片配對完成。
7. 將圖卡重新混合排列，邀請孩子自己做。
8. 向孩子示範如何使用圖片背面的顏色貼紙進行錯誤檢查。

▲放大鏡圖片配對

感官活動 ⑲

適用 2.5 歲 **色板分類 3**

教具

〔托盤上：11 組色板〕
- 2 塊紅色
- 2 塊藍色
- 2 塊黃色
- 2 塊綠色
- 2 塊紫色
- 2 塊白色
- 2 塊黑色
- 2 塊咖啡色
- 2 塊灰色
- 2 塊粉紅色
- 2 塊橘色
- 1 個長方形盒子（能夠裝入所有色板，將 11 組色板分別整理放入）

示範

1. 將色板隨意倒出（如色板分類 2，參見 P.146）。
2. 將相同顏色的色板挑選出來，並以 1 塊在上 1 塊在下的方式排列。
3. 邀請孩子繼續活動。
4. 活動完成後，將色板收回盒子內，只留下 3 塊不同顏色的色板（請確認孩子記得色板分類 2 學到的顏色）。
5. 使用「三階段教學法示範」。
6. 以每次 3 種顏色開始教孩子認識色彩名稱。
7. 隔天請確認孩子還記得前一天教的顏色，然後再繼續教另外 3 種顏色，直到孩子記住所有顏色。

感官活動 ⑳

適用 3 歲 **神秘袋**

教具

〔托盤上〕
- 1 個布袋
- 10 個小物品

將小物品裝入布袋中。

示範

1. 邀請幾個孩子圍著小桌子，開始活動。
2. 將手放進袋子裡。
3. 在袋中握緊一樣物品，不要拿出來也不要看，開始跟孩子們形容這樣物品的特點（材質、大小、形狀、觸感等）。
4. 如果有孩子猜到了，就將它拿出來放在桌上。
5. 邀請孩子在袋子裡選一樣物品，請他描述這樣物品的特點或者是跟其他孩子一起以問答的方式來猜謎。
6. 如果有孩子猜到了，就將它拿出來放桌上。
7. 活動結束後請孩子將物品收回袋子裡，再將袋子收回原位。

感官活動 ㉑

適用 3 歲 **布料配對**

教具

〔托盤上〕

· 5 組不同材質的正方形布料（14 cm²，薄紗、絲、天鵝絨、棉布、羊毛布等）
· 1 條矇眼布

示範

1. 將布料從托盤上取出。
2. 先介紹布料名稱，排列於桌上，請孩子觸摸。
3. 用矇眼布將孩子的眼睛矇上。
4. 先觸摸其中 1 塊布，並請孩子找出相同的布。
5. 依序觸摸其他塊布，幫助孩子找到同樣的另 1 塊布，然後以指尖觸摸。
6. 引導孩子完成兩組布，請他自己繼續活動。
7. 完成所有的組合後，將每組布以一上一下的方式排列。
8. 活動最後，請孩子確認是否正確。

感官活動 ㉒

適用 4 歲 **色板分類 4**

教具

〔托盤上：9 組漸層色板〕

- 7 塊紅色
- 7 塊藍色
- 7 塊黃色
- 7 塊綠色
- 7 塊靛色
- 7 塊棕色
- 7 塊灰色
- 7 塊粉紅色
- 7 塊橘色
- 1 個長方形盒子（能夠裝入所有色板，將 9 組色板分別整理放入）

示範

1. 請孩子在盒子中選出喜歡的顏色。
2. 取出喜歡顏色的漸層色板 1 組（7 塊），顏色由深至淺排列。
3. 拿出 1 塊顏色最深的色板放在左邊。
4. 然後再依序拿出顏色較淺的色板排放在第 1 塊色板的右邊。

5. 繼續拿出更淺色的色板放在上 1 塊色板的右邊。

6. 詢問孩子是否願意繼續找出較淺色色板完成活動。

7. 隔天再開始另 1 組漸層色板。

8. 幾天後，拿出第 2 或第 3 組色板，請孩子依照漸層色以水平排列出來。

Tips 進階活動

漸層太陽

　　將所有色板拿出來，然後各取 1 塊最深色的色板排列成圓形，並從中心開始由深至淺將每組色板排列成放射狀。我們也可以在中心放上 1 個黃色圓盤代表太陽，然後將色板從中心開始由深至淺排列成放射狀。

　　要注意孩子是否放錯顏色，因為有些顏色較為相似。

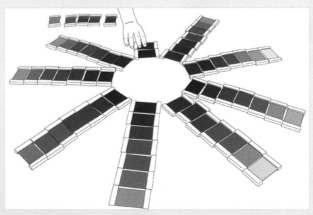

▲漸層太陽

感官活動 ㉓

適用 4 歲　味覺瓶

教具

〔托盤上〕

- 1 個試管盒
- 8 支試管
- 1 支滴管
- 4 組不同的味道的液體（糖水、鹽水、檸檬水、苦瓜水）
- 1 張面紙

將 4 組不同味道的液體，盛裝於試管內，將試管放於試管盒中。

示範

1. 取出 1 支試管，用滴管捏吸出 2 滴液體滴在孩子的手掌心上。
2. 請孩子用舌頭品嚐味道。
3. 將這支試管放在試管盒的左前方。
4. 拿出另 1 支試管，用滴管捏吸出 1 滴，滴在孩子的手掌心上，告訴孩子：「這是一樣的味道。」或者「這是不一樣的味道。」
5. 如果是一樣的，將試管放在前 1 支試管的右邊。
6. 取出另 1 支試管詢問孩子是否願意繼續活動。

感官活動 ㉔

適用 4 歲 嗅覺瓶

教具

〔托盤上〕

- 1 個試管盒
- 8 支試管
- 1 支滴管
- 4 組不同具有香氣的液體（巧克力茶、薄荷茶、咖啡、薰衣草茶）

> 可在每組試管貼上相同顏色的圓形貼紙，讓孩子進行錯誤檢查。

示範

1. 取出 1 支試管，用滴管捏吸出 1 滴液體滴在孩子的手掌心上，然後請孩子聞。
2. 將這支試管放在試管盒的左前方。
3. 拿出另 1 支試管，用滴管捏吸出 1 滴，滴在孩子的手掌心上，請孩子聞，詢問：「這是一樣的香味嗎？」如果他回答是，就將試管放在前 1 支試管的右邊；如果他回答不是，就將試管放在試管盒的右邊。
4. 結束後教導孩子自我訂正（確認貼紙顏色是否相同）。

感官活動 ㉕

適用 4 歲 **聽覺筒**

教具

〔托盤上〕

- 1 個紅色有蓋子的盒子
- 1 個藍色有蓋子的盒子
- 6 組有瓶蓋的小圓筒（兩兩 1 組，裝入不同的物品；搖晃圓筒時可以發出不同的聲音，如綠豆、米、小鈴噹、小鈕釦等）

將 6 組瓶筒分成 2 份，分別裝入紅、藍盒子中，兩個盒子內的圓筒數量及圓筒發出的聲音必須一致，方便進行配對活動。

示範

〔活動 1〕

1. 將兩個盒子放在孩子面前。
2. 把盒子的蓋子打開，將蓋子放在盒子旁邊。
3. 從紅色盒子裡取出 1 個圓筒並且搖晃讓孩子聽聲音。
4. 將圓筒放在孩子與紅色盒子間。

5. 從藍色盒子裡取出 1 個圓筒並且搖晃讓孩子聽聲音，詢問：「這個聲音和剛才的聲音一樣嗎？」可以再搖晃一次步驟 3 的圓筒讓孩子再聽一次。

6. 如果不一樣，將圓筒先放在藍色箱子旁邊，再取出另 1 個圓筒，直到找到聲音一樣的圓筒為止。

7. 當孩子找到聲音一樣的圓筒時，將圓筒放在第 1 支圓筒的左邊。

8. 將沒有配對成功的圓筒放回藍色箱子裡。

9. 從盒子裡拿出第 2 個圓筒，重複步驟 3 至 7，完成第 2 組配對。

10. 將第 2 組圓筒排放在第 1 組圓筒的下方；同顏色盒子裡的圓筒放在同一行，不要混淆。

11. 重複步驟 3 至 7，直到所有的圓筒都配對完成。

12. 請孩子進行錯誤檢查。再次搖晃每組圓筒確認它們的聲音一致；如果發現錯誤，請孩子試著自己訂正；如果都正確，活動結束。

〔活動 2〕

1. 只拿出紅色盒子。

2. 放在孩子面前。

3. 取出所有圓筒。

4. 找出最低音與最高音。

5. 搖晃最低音的圓筒，告訴孩子：「這是低音。」

6. 搖晃高音的圓筒，告訴孩子：「這是高音。」

7. 告訴孩子：「我們要將圓筒從低音到高音排列出來。」

8. 讓孩子聽每個圓筒的聲音，然後將它們放在桌上。

9. 當我們搖晃每 1 個圓筒時，詢問孩子：「這是比較低音還是比較高音？」根據孩子的回答，將較低音的放在第 1 個圓筒的左邊，較高音的圓筒放右邊。

10. 繼續將剩下的圓筒完成。

11. 確認每個圓筒的聲音。

12. 活動最後，確認所有圓筒依照低音到高音的順序排好。

13. 如果孩子覺得順序有誤，請他進行錯誤檢查，排出正確的順序。

PART 3

數學

數學活動的準備與介紹

孩子在經歷了算數的敏感期後，通常會比較容易有辨識能力。事實上，這個時期的孩子會抓住所有可以數數的機會，並且詢問每個數字的意義。

不是用一些抽象的單字，而是用具體的物品教數學是很重要的。再次強調，因為孩子還無法抽象思考，所以我們會準備一些科學性的活動；經由這些活動，慢慢地帶領孩子由具體走向抽象。

大人必須將裝有數學活動的教具托盤或教具籃放在一起，並收在數學專用的層架上。這些活動必須要是有趣、具吸引力的，像是數數活動、運算活動等。

我們也可以在生活中創造一些活動，將孩子的生活與數學教育串連起來，較容易理解與運用。

基本上，我們可以編一些數字手指謠，讓孩子藉由唱的方式來數步伐；當他在餐桌上時也可以數餐具數量、客人數量、菜餚數量等，讓孩子在日常生活中學習；或者也可以讓孩子用手指數數。

在分類的活動中，將東西依照顏色、形狀、大小等來做分類，你會發現在做感官活動時就已經在為數學活動做準備了。

Tips

不是用抽象的單字，而是用具體的方式教數學。

這也是一部分「日常生活」活動。

再說一次，大人必須記得一次只給予一個待解決的錯誤檢查，當這個問題獲得解決後再給下一個問題。

數學活動的教具準備

將教具收在它專用的層櫃上，並且在地毯上或桌上進行活動，活動結束後一定要請孩子將教具恢復原來的樣子並收回層架上。

這樣孩子會明白當他完成托盤上的活動後，可以把盤子放在右手邊，這是他自己學會的。

這些教育托盤應該是具美感、易使用的，準備好的活動一次只能有一個待解決的問題，以方便孩子進行錯誤檢查。

準備數學活動

- 和準備「日常生活」與「感官生活」相同，教具的排放必須遵照位置與次序，大人說明活動時應由左而右，由上至下。

- 須使用夾鉗姿勢取物，夾鉗指的是以拇指、食指與中指夾物的姿勢。

- 最後，當我們進行到較抽象的活動時，例如數字，我們將使用「三階段教學法示範」（請參見 P.216）。

數學活動 ❶

適用 2 歲 **數數**

教具

・幾組相同類別的物品（如小汽車、鉛筆、栗子）

- -

示範

1. 當您的孩子會數數（1、2、3）後，重要的是讓他明白數量。
2. 這時可以多跟孩子玩很多遊戲，例如「1、2、3 媽媽這裡有 3 輛汽車，你可以拿走 2 輛嗎？」或「你看這裡有好多鉛筆，你想要幾枝？你可以拿走 1 枝嗎？」等。

數學活動 ❷

適用 3 歲 **砂數字板**

教具

- ・3 片大小相同的木板
- ・1 張砂紙（剪出數字 1、2、3 需有寬度讓孩子可以觸摸）
- ・1 個盒子（裝數字板用）

將數字 1、2、3 分別粘貼在木板上，製作 3 片砂數字板。

示範

1. 取出粘貼 1 的砂數字板給孩子看，左手按壓板子，以右手的食指與中指依筆順觸摸數字，並且說：「1」。邀請孩子觸摸一次，並且說：「1」。將完成的砂數字板排放在桌子的左邊。

2. 取出粘貼 2 的砂數字板，重複上述動作，然後是 3 的砂數字板。

3. 將 3 片砂數字板排放在一起，跟孩子說：「請拿 1 給我」、「請拿 3 給我」、「請拿 2 給我」。

4. 如果孩子拿錯了，僅需再次重複步驟 1 與 2，不必指正。

5. 將 3 片砂數字板弄亂，跟孩子說：「請拿 2 給我」、「請將 3 蓋
   起來」、「請用你的手指觸摸 1」等。重複上述問題，直到孩子
   的回答都正確。

6. 將 1 片砂數字板拿到孩子面前，詢問孩子：「這是什麼數字？」
   再拿出第 2 片詢問，接著是第 3 片。

7. 結論：「你今天學會數字 1、2、3 了。」

數學活動 ❸

適用 3 歲 **雪花積木**（紡錘棒箱）

教具

- 11 張大小相同的小紙條（分別寫上數字 0 ～ 10 後對折）
- 1 盒雪花積木（選用顏色相同的，置放於盒子中）
- 1 個漂亮的盒子

> 除了積木外也可以準備其他類別的物品，請注意一次只放置一種，以方便孩子數數，例如：紡錘、硬幣、短木棒、貝殼等。

示範

1. 抽出一張紙條，打開。
2. 不要讓孩子看到紙條上的數字。
3. 從盒子裡拿出與紙條上的數字相等數量的雪花積木，排放於桌上。
4. 請孩子猜紙條上的數字。
5. 如果孩子答對了，就將紙條翻過來給他看。
6. 邀請孩子抽一張紙條。從盒子裡拿出與紙條數字一樣數量的雪花積木排放於桌上。
7. 由大人猜答案。

數學活動 ❹

適用 3 歲 **衣夾卡片**

教具

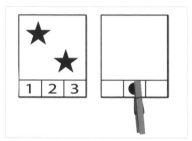

▲用衣夾訂正錯誤

- 5～6 張大小相同的紙卡
- 1 個曬衣夾
- 1 個盒子

取其中 1 張紙卡，在距離紙卡下方 2.5 公分處畫一條水平直線，將直線下方的空間等分成 3 等份，在 3 個格子內分別寫上數字 1、2、3，在數字 2 的格子背面貼上圖形貼紙；在紙卡上面的空間中畫上 2 朵雲。其他張紙卡可製作其他數字及其他圖形，例如畫上 3 顆橡果，並在數字 3 背面貼上圖形貼紙。

示範

1. 從盒子中取出紙卡放在桌上，邀請孩子跟大人一起活動。
2. 選 1 張卡片，請孩子數一數紙卡上面圖形的數量，例如 2 朵雲。
3. 拿出衣夾示範如何用衣夾夾住紙卡上的數字 2。
4. 將紙卡翻面，檢視衣夾是否夾在有圓形貼紙處，如果「是」，則答案正確。

數學活動 ❺

適用 4 歲 **數字與籌碼**（單數／雙數）

教具

- 1 個盒子
- 11 張大小相同的圖卡（分別寫上數字 0 ～ 10）
- 55 枚紅色塑膠硬幣

示範

1. 請孩子將數字圖卡由左至右從 1 排到 10。
2. 在數字 1 的圖卡下方排放 1 枚硬幣；在數字圖卡 2 的下方平行排放 2 枚硬幣，硬幣之間需有空隙；在數字 3 的圖卡下方排放 3 枚硬幣，2 枚硬幣平行排放，第 3 枚硬幣排放於 2 枚硬幣下方的中間。
3. 在數字 4 的圖卡下方排放 4 枚硬幣，兩兩排列；數字 5 的圖卡下方排放 5 枚硬幣，兩兩排列，餘下的 1 枚則排放於下列的中間。邀請孩子一起繼續將硬幣排列出來，直到完成數字圖卡 10。
4. 跟孩子說：「我們要介紹雙數和單數。」指給孩子看，兩兩排列的硬幣為「雙數」，有餘下單一硬幣的則為「單數」。
5. 要求孩子指出雙數的圖卡，然後再指出單數的圖卡，重複數次。

6. 指著數字圖卡上的數字問孩子:「這是什麼數字?」然後再繼續
   問同樣的活動,重複數次,至練習完全部的數字圖卡。

7. 結論:「今天你學到數字 1、3、5、7、9 是單數;數字 2、4、6、
   8、10 是雙數。」

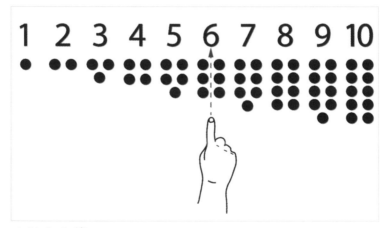

▲數字與籌碼

PART **4**

語言

 語言活動的準備與介紹

　　0 到 6 歲是孩子語言發展的敏感時期，其語言發展是依詞彙、語法還有閱讀而來。

　　認識大量詞彙／單字可以幫助孩子發展自信心與自我認同，是語言學習中很重要的部分，我們可以在生活中讓孩子多練習，例如從學習想要事物的詞彙開始。

　　幫助孩子認識詞彙／單字對語言發展有相當的助益，所以大人必須準備很多語言活動。

　　進行「日常生活」與「感官生活」活動後，孩子已經有機會認識、累積基本的單字量；在「文化活動」中，孩子會認識所處的世界並使用準確的詞彙；同樣地，在「數學」活動裡，大人也需要使用正確的詞彙。

　　大人必須建立一個適合閱讀的環境，可以準備不同的主題及不同的圖片，例如歷史故事、歌曲等，讓孩子在一個安靜、愉悅的環境裡閱讀。選擇的書籍必須讓孩子覺得愉悅，如此有助於人格的健全、頭腦的清晰、想像力的開發，並開拓孩子的詞彙量、豐富他的人生。

Tips

　　讓孩子認識大量詞彙可以幫助他發展自信心。

　　親子共讀可以讓孩子了解，人的情感是可以透過閱讀與他人分享的，例如一起笑、一起害怕、一起感動等。

再次提醒，不要忘記我們是孩子的模範！如果我們想要孩子閱讀，必須讓他看見我們也在閱讀；對於寫字也是一樣，如果孩子看見父母都是用電腦打字，他將不會明白手寫的重要，也會覺得寫字比打字還困難，所以手寫字條、明信片跟留言是很重要的。

Tips

> 選擇的書籍必須讓孩子覺得愉快。

我們可以做一些活動來刺激語言發展，搭配圖片使用會更有趣，因為孩子需要看見具體事物，所以教具的選擇更顯重要。

大人可以簡單地拿出一張圖片，然後請孩子說，他看見了什麼？尋找圖片上的細節，像是被隱藏的物品或人物。同樣的，我們可以利用農場、娃娃屋，或者車庫等。

孩子在這個年紀會很想要學習閱讀，回答孩子的問題很重要，最重要的是必須遵從示範與結構來回答。

準備語言活動教具

我們可以準備多元教具來提升孩子的語言發展，即使是開始學習閱讀。

孩子喜歡我們準備的活動是與他生活相關的，所以教具必須使用他認識的物品，像是家人的照片、他喜歡的動物圖片，及他生活中會發生的事件等。

　　孩子會因為字的發音感到開心，尤其是與他有關的字，例如他的名字或媽媽的名字，當我們替孩子準備有聲書或專屬於他的書等，都會使他感到高興。

　　大人準備的教具必須具美感，並放在漂亮的盒子裡，我們還可以為了「語言活動」把盒子周圍裝飾一下。

　　這類教具不需要放在同一個層架上，僅需將拿出的教具用托盤、籃子或者一些經裝飾的美麗盒子盛裝，並依顏色與大小區分即可。

　　再次強調，觀察孩子是很重要的工作。大人應依孩子的興趣來製作教材，因為主題愈能引起孩子的注意，孩子愈能記憶相關的詞彙。

　　在蒙特梭利教育中，我們會製作圖卡來豐富孩子的詞彙。主題的選擇不受限制，它可以是任何主題。

　　不過，在孩子年紀較小、理解力有限時，大人應訂定較具體的主題，然後搭配少量圖片（不可多於四張），之後再加入其他主題並增加圖片量。

　　大人本身也需要豐富的詞彙及知識，如此一來，大人在說明、描述某件事給孩子聽時，才能使用精確的語言，例如以準確的名詞說明麻雀遠比僅廣泛地說鳥類好，花草及樹木也是一樣。

　　一開始的「閱讀活動」包含了聲音遊戲，因為孩子必須有意識地明白「字」是由聲音組成的，然後再繼續學習詞彙／單字與發音。準備一個安靜的閱讀空間很重要，這樣可以讓孩子專注在聲音上。

　　考慮到錯誤檢查製作教具時，應遵守蒙特梭利教育重視的一次只能有一個錯誤原則，除了錯誤檢查部分，其他像是顏色、盒子的外觀及大小都應相同，以便讓孩子可以自己完成活動並自己改正錯誤。

語言活動介紹

- 活動示範跟之前的類別一樣，在跟孩子提出活動並且一起到層架上拿教具後，大人跟孩子一起坐在地毯上或是桌子前，並遵從由左至右與從上到下的順序。

- 示範時必須冷靜、有耐心，並且慢慢地介紹直到結束。

- 替孩子準備的閱讀空間必須是舒適的，可以放張地毯或者小沙發。陳列書籍的方式必須讓孩子看得到封面，書籍必須依孩子一年中經歷的季節與事件經常性地更換，主題必須多元。

- 設計閱讀與聲音活動時，最重要的是找到具美感的教材，這樣可以引發孩子自主閱讀的欲望。再次提醒，大人在介紹活動時必須由具體到抽象，也就是先介紹物品再介紹圖片。

- 製作活動教具與介紹教具時必須謹記中心思想：一次一個錯誤。

- 進行閱讀與聲音的活動時，由孩子自己錯誤檢查並不容易，因此，大人必須準備更多方法來帶領孩子，這是一個需要大人陪伴的活動。在孩子犯錯時不可以大聲糾正。

語言發展活動 ❶

適用 0 ～ 18 個月 **書櫃**

　　在孩子的房間裡必須要有一個放滿各類書籍的書櫃，並且在書櫃前方鋪上一張地毯。

　　書櫃的使用很重要，因為孩子可以利用書櫃明白如何站起來，所以大人要注意選用穩固的書櫃，讓孩子在扶站時不會傾倒。

　　在幼兒期，大人可以選擇一頁只有一張圖的寶寶書（以圖畫為主題的繪本），主題可以很多元包含：動物、傢俱、大自然、昆蟲。

　　大人可以用印表機自己製作圖片，例如製作家族成員圖片集、動物選集，還有傢俱飾品集等，並且在圖片背面寫上名稱，然後與孩子一起共讀。

　　第一套兒童書可以包含有以下主題：

・動物（爬行動物、鳥）
・顏色、形狀
・食物
・傢俱
・太陽系（太陽、行星）
・植物（樹木、花朵）
・交通工具（汽車、飛機等）

　　大人可以設計一個有趣的主題，像是替一位孩子認識的人物／寵物拍照，照片中的人物／寵物可以在不同的地點，擺拍不同的姿勢。這樣我們可以利用照片為孩子介紹介系詞／介詞的用法，例如他坐在椅子上享用餐點、他躺在浴缸裡舒服地泡澡、牠躲在桌子底下等。

　　因為孩子認識照片中人物／寵物，所以大人可以進一步詢問孩子問題。除了提問外，大人還可與孩子進行對話，這是一個開啟孩子實際與人對話的好時機。

　　蒙特梭利教育主張，幼兒進行活動時不使用虛構性的小說，而應選擇以真實人物、事件、背景所撰寫的紀實性書籍。因為這個時期的幼兒還沒有分辨虛實的能力，還不適合發展想像力，所以為了幫助幼兒發展自我概念、更快速地認識所處的世界，大人應選擇具真實性的教材。

　　但這並不表示我們不可以選擇經典讀物，只要盡量選讀貼近真實的寫實故事，而非童話、漫畫等虛擬、幻想、擬人化的題材即可，像是會說話的動物或是會飛的精靈就不太適合。

　　對幼兒來說，選書的重點在於真實性。例如選擇圖文書或者生活類書籍，如此有利於讓孩子自己閱讀或者讓大人和孩子一起親子共讀。

　　如果您的孩子特別喜歡貓，可以準備所有貓科種類與棲息地的書籍；如果您的孩子喜歡車子，可以使用介紹車子的圖畫書向他介紹拖拉機、卡車等。

您也可以根據以下主題替孩子準備的套書：

· 各洲動物，如非洲動物、亞洲動物與其他各州動物
· 動物分類，像是無脊椎動物、脊椎動物
· 物種棲地分類，如各類野生動物照片、物種、棲地及分布
· 車子分類，像是農場使用的車子
· 各類水果與蔬菜
· 各類樹木與花朵
· 各類樹木與葉子
· 各類食品
· 各國孩子圖像

語言發展活動 ❷

適用從出生開始 閱讀

教具

・書

示範

1. 在孩子拿起書時，就必須幫他建立起規則（尊重與精確），如不可以將書放在嘴巴上，確保一次只拿 1 本書（限制書櫃上的數量，經常性地依照季節、事件和孩子有興趣的主題等進行更換）。

2. 從書名開始閱讀。

3. 一次不要讀太多詞彙。

4. 重複說這個故事。

5. 慢慢地增加細節。

6. 大約一年後，可以開始說一些只使用一個句子組成的故事來解釋圖片。

Tips 小秘訣

當您在讀故事給孩子聽的時候，要用豐富的聲線與表情，例如，拿著動物圖片時，模仿該動物的聲音，這樣可以吸引孩子的注意力，讓他覺得這項活動是有趣的，並且要留時間讓孩子模仿聲音還有重複單字。

PART 4
語言

語言發展活動 ❸

適用 12 個月 農場、倉庫或娃娃屋

教具

- 1 間農場屋（含動物、農具，如拖拉機、乾草等）
- 1 間車庫（含不同類型與顏色的汽車）
- 1 間娃娃屋（含家族娃娃，如父親、母親、兒子、女兒等；傢俱，如床、浴缸、沙發等；居家飾品，如毛巾、餐巾等）
- 3 張工作毯（分別放置農場、倉庫、娃娃屋）
- 1 個籃子放置其他物品
- 3 張紙（放置在每張工作毯旁，將動物、汽車、家飾用品分別放在紙上）

示範

1. 邀請孩子一起坐在放置農場的地毯前方。
2. 在孩子面前拿出動物與農具一一擺好。
3. 在擺放的同時說出物品名稱。
4. 在擺放動物時說出與這隻動物相關的詞彙（如棲息地、特徵、叫聲、顏色、食物，及公獸、母獸與幼獸的差異等）。
5. 慢慢地加入相關詞彙。

6. 然後要求孩子將不同物品放入農場。
7. 用一樣的示範開始建造車庫與娃娃屋。
8. 把時間留給孩子自己做活動。
9. 讓孩子重複多次，因為在活動中孩子會自己編故事，以發展他的詞彙跟語法。

語言發展活動 ❹

適用 12 個月 **實物配對 1**

教具

· 1 個籃子
· 4 ～ 5 組物品（如水果、蔬菜、廚房器具或積木等）

- -

示範

1. 邀請孩子：「今天我們要學習新的物品：蔬菜。你喜歡蔬菜嗎？」
2. 拿一樣蔬菜放在籃子裡，用手觸摸它、用鼻子聞，然後將蔬菜拿給孩子。
3. 詢問孩子：「你可以在籃子裡找到另一個一樣的蔬菜嗎？」
4. 將配對好的蔬菜放在桌上。
5. 以同樣的示範繼續成完其他組蔬菜的配對，並排放在桌上。
6. 拿起桌上的一樣蔬菜，說出它的名稱，然後放回籃子裡。
7. 詢問孩子是否可以找出一樣的蔬菜，並放回籃子裡。
8. 我們可以進一步地描述蔬菜的特色，像是顏色、外觀等。
9. 繼續依照上述示範完成其他組物品的配對。

Tips 小秘訣

- 每次只挑選 1 組蔬菜。
- 當大人將蔬菜拿在手中時請同時說出蔬菜的名稱。
- 將配成對的蔬菜放在桌上。
- 拿起其他組蔬菜重複上述示範。
- 當孩子伸手拿 1 個蔬菜後,詢問他是否找到另 1 個配對的蔬菜。
- 依照上述示範繼續活動。
- 從配對完成的蔬菜中拿起一樣放回籃子,並詢問孩子能否在桌上找到一樣的蔬菜。
- 要求孩子將蔬菜都配對完成放回籃子裡。

語言發展活動 ❺

適用 18 個月 **實物配對 2**

教具

〔托盤上〕
- 1 個盒子（或 1 個籃子）
- 2～3 組小模型（如動物模型、交通工具模型等）

> 將模型放置於盒子內。

示範

1. 從盒子裡拿出一隻動物模型。
2. 請孩子觸摸後，放在桌上。
3. 請孩子在盒子裡找出另一隻相同的動物模型。
4. 將孩子拿出的模型放在先前拿出來的模型右邊。
5. 重複上述示範。
6. 當所有小模型都放在桌上後，請孩子選一隻動物模型放回盒子裡。
7. 繼續上述示範直到模型全放回籃子裡。

Tips 小秘訣

- 隔天或者活動後，拿出一隻動物模型，說出牠的名稱，然後放在桌上。
- 繼續上述示範。
- 使用「三階段教學法示範」再做一次（請參見 P.216）。
- 活動結束後，要求孩子將動物模型一隻一隻收回盒子裡。

語言發展活動 ❻

適用 18 個月 三段認知卡

教具

〔托盤上〕

· 1 個籃子
· 4 組圖卡
· 4 組單字卡（寫上與圖卡上的圖片相對應的詞彙）
· 1 本著色簿

為了方便錯誤檢查，請在每組圖卡、單字卡背後貼上相同顏色的圓貼紙。

示範

1. 將圖卡放在桌上。
2. 請孩子將圖卡由左至右整齊排放，同時了解圖卡上的圖案與相關的詞彙。
3. 接著孩子必須找出與圖卡相對應的單字卡。
4. 如果孩子找對了，請他把圖卡蓋起來，移到桌子上方，並將對應的單字卡放回籃子裡。

5. 以孩子的自律發展和自我訓練為目標，請孩子將配對的圖卡與單字卡翻面，檢視貼紙顏色是否相同，以幫助他錯誤檢查。

6. 給孩子一本著色簿，請他試著描繪剛剛看到的圖卡，並塗上顏色，如蘋果。孩子們會喜愛他的著色簿，因為可以保存自己的畫。

Tips

> 您可以將希望孩子學習的或孩子有興趣的事物製作成圖卡，如不同類型的汽車、昆蟲、恐龍等。

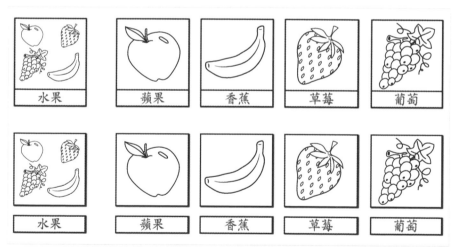

▲ 製作圖卡配對

語言發展活動 ❼

適用 2 歲　**實物配對 3**

教具

〔托盤上〕
- 1 個盒子（或 1 個籃子）
- 3～4 個物品（如汽車、救護車、消防車）
- 3～4 張與物品相對應的圖卡

示範

1. 從盒子裡拿出一樣物品。
2. 說出物品的名稱，將物品放置在桌上。
3. 依照上述示範將物品一一拿出，並且由左至右整齊排放於桌子上。
4. 拿起 1 張圖卡跟孩子說：「你看，這是汽車圖卡。」
5. 將圖卡放在桌上。
6. 將相對應的物品放在圖卡上（如將汽車放在汽車圖卡上）。
7. 重複上述的示範。
8. 請孩子自己做一次。

Tips 進階活動

抽象圖卡與他的相關物

　　與上述活動一樣，不過假如選擇做動物配對，那麼圖卡上的圖案與模型上的動物不要是不同姿勢，這對孩子來說是抽象且複雜的。

語言發展活動 ❽

適用 2 歲 **關係配對**

教具

- 1 張地毯
- 1 個托盤
- 6 組關係圖卡（如：水桶與鏟子、釘書針與釘書機、刷子與油漆桶）

示範

1. 邀請孩子跟大人一起活動。
2. 跟孩子一起坐在地毯上，大人坐在孩子旁邊。
3. 將圖卡由左至右排列在地毯上。
4. 拿起 1 張圖卡並說出它的名稱。
5. 詢問孩子能否在圖卡中找到與其相關的圖卡（如：刷子與油漆桶）。
6. 拿起另 1 張圖卡，說出它的名稱，然後請孩子繼續活動。

語言發展活動 ❾

適用 2 歲 **反向關係配對**

教具

· 1 張地毯
· 1 個托盤
· 6 組相反的關係圖卡（如：乾淨的鞋子與髒的鞋子、蓋上蓋子的
  盒子與打開蓋子的盒子）

示範

1. 邀請孩子跟大人一起活動。
2. 跟孩子一起坐在地毯上，大人坐在孩子旁邊。
3. 將圖卡由左至右排列在地毯上。
4. 拿起 1 張圖卡並說出它的名稱。
5. 詢問孩子是否能在其他圖卡中找到與其相反的圖卡（如乾淨的鞋
   子與髒的鞋子）。
6. 拿起另 1 張圖卡，說出它的名稱，請孩子繼續活動。

語言發展活動 ❿

適用 2 歲 **描述圖片**

教具

· 1 本書（或 1 張圖或其他可持續對話的主題）

- -

示範

1. 指出書中的 1 張圖片，詢問孩子圖片裡有哪些東西。
2. 告訴孩子圖片裡的哪些細節是重要的。

語言發展活動 ⓫

適用 2 歲 **分享新消息**

教具

· 1 張 A3 彩色紙（依照不同月份更換色紙顏色）

這個活動可以同時邀請很多孩子一起參與。

示範

1. 在色紙上方寫上當天的日期，請孩子說一件想跟其他孩子一起分享的事件。
2. 請孩子標示出該事件的日期、星期、月份與年份。
3. 我們稱之為「分享新消息」。
4. 請大人將聽到的事件精簡成一句話寫在色紙上，並標示孩子的名字，如：亞力山大有雙新鞋子。
5. 邀請每位孩子說出新消息。
6. 請孩子注意聽。
7. 當孩子希望大人複述他們說的話時，請唸出色紙上的字。
8. 將這張紙掛在教室，或者是家中最明顯的地方。

PART 4 語言

語言發展活動 ⑫

適用 2.5 歲 順序圖卡

教具

- 1 組順序圖卡（3 個順序）

孩子必須依照事件的順序將圖卡依序排列。雖然順序圖卡很簡單卻可以帶給孩子很大的樂趣，豐富他的詞彙、發展他的觀察力及提升邏輯分析力。如：蘋果樹生命周期圖卡、青蛙生命周期圖卡、蝴蝶生命周期圖卡。

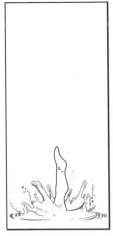

▲跳水順序圖卡

語言發展活動 ⓭

適用 2.5 歲 **動物家族**

教具

- 1 個籃子
- 1 組動物家族模型（如，山羊家族，公羊、母羊、小羊）

示範

1. 將籃子放在孩子旁邊。
2. 跟他說：「今天我要向你介紹山羊家族。」
3. 拿出公羊，跟孩子說：「你看！這是公羊，你想摸摸牠嗎？」讓孩子有充分的時間觸摸公羊，並複述公羊名稱。
4. 依序拿出母羊與小羊向孩子介紹。
5. 將三隻羊排成一列，然後詢問孩子：「請你指出公羊」、「請拿母羊給我」、「請摸摸小羊」。
6. 將山羊家族模型隨機擺放，並重複上述示範，直到孩子熟練為止。如果孩子混淆了，不需要說明，只需重複步驟 3 ～ 5。
7. 拿出 1 個動物模型放在孩子面前，然後詢問：「這是誰呢？」
8. 重複上述步驟。
9. 告訴孩子，「現在你認識山羊家族了：公羊是男性、是爸爸，母羊是女性、是媽媽，小羊是小孩，是寶寶。」

語言發展活動 ⓮

適用 2.5 歲　**藝術家詞彙**

教具

- 2 組藝術家圖卡
- 1 個放卡片的盒子
- 1 張適合孩子身高的桌子或地毯

> 藝術家圖卡必須包括 1 張藝術家畫像圖卡和 5 張畫作圖卡。我們可以介紹梵谷（印象派畫家）和沃荷（視覺藝術運動普普藝術的開創者之一）。您可以在網路上找到相關資料，自製圖卡。

示範

1. 邀請孩子加入活動。
2. 坐在孩子身邊，將卡片放在地毯或者桌上。
3. 介紹梵谷（Vincent Van Gogh）圖卡，將圖卡展示給孩子，並且跟他說：「看！這是梵谷，是一位藝術家。」將圖卡放在地毯左上方。
4. 展示梵谷的第一張畫作圖卡，如「向日葵」，然後跟孩子介紹：「這是梵谷的畫作，主題是『向日葵』」。

5. 將向日葵圖卡放在梵谷圖卡的下方。依照上述步驟介紹梵谷的其他畫作圖卡。

6. 然後介紹安迪沃荷（Andy Warhol）與他的作品。將沃荷圖卡放在梵谷圖卡的右邊。大人可以說明兩位藝術家風格的相異處，繼續將沃荷的畫作圖卡放在沃荷圖卡的下方。

7. 如果孩子有興趣，就請孩子繼續活動；如果孩子覺得無趣，結束活動。

Tips 小秘訣

· 如果我們重複這項活動，可以將梵谷與沃荷的圖卡放在地毯上方，然後問孩子：「我在尋找梵谷的畫作圖卡，你可以拿給我嗎？」

· 留時間讓孩子指出正確的圖卡，如果他找不出來，就跟他說：「記得嗎？是和向日葵相關的圖卡」。

· 讓孩子自己找出圖卡，如果孩子有興趣就會找出正確答案。

閱讀活動 ❶

適用 2 歲 **聲音遊戲：間諜遊戲**

教具

· 幾個常見物品（如 1 顆球、1 顆彈珠、1 顆鈕釦）
· 幾個盛裝物品的透明容器（如 1 個罐子、1 個小盒子、1 個袋子）

> 進行這個活動的前提是幼兒已經會說話，以方便活動順利進行。請將物品
> 分別裝入容器內，物品必須是常見且孩子認識的。

Tips 小秘訣

· 準備物品然後詢問孩子與該樣物品相關的詞彙。
· 將該項物品的聲母唸給孩子聽，如「『ㄔ』，你有聽到嗎？我
  們要找『ㄔ』開始的物品？」
· 請將ㄔ開頭的物品畫出來，孩子可以畫出車子。
· 請孩子依照大人發出的聲母尋找家中的物品，如ㄅ，餅乾。
· 請孩子將聲母相同的物品擺放在一起；或將韻母同相的物品擺
  放在一起。

示範

1. 將 1 組物品擺放在桌上，如：1 顆球、1 個罐子；1 顆彈珠、1 個盒子；1 顆鈕釦、1 個袋子。請孩子拿起盒子搖晃後詢問大人：「您聽，罐子裡有『ㄍ』開頭的物品發出聲音嗎？」接著孩子會說：「罐子裡面有東西，是『ㄍ』開頭的物品。」因為是實體物品，所以這個遊戲對孩子來說是簡單的。

2. 活動延伸：在桌上放兩件物品，如 1 顆球跟 1 顆鈕釦，然後說：「我要拿『ㄍ』開頭的物品，你知道是哪 1 個嗎？」

3. 接著大人繼續說：「我猜這個『ㄍ』開頭物品是球，哪裡有球呢？」

4. 最後，可以請孩子說出以「ㄍ」開頭的詞彙。

Tips 進階活動

當孩子開始明白發音之後，大人可以詢問孩子是否在下列字組中聽到相同的音：「蘋果與瓶子」、「吃飯與車子」。

閱讀活動 ❷

適用 3 歲　**我的眼睛**

教具

・幾張圖卡（每張上面有 10 個圖示）

- -

示範

1. 就如同聲音遊戲一樣，這個活動是大人給孩子 1 個聲母或韻母，請孩子找出圖卡中的物品。

Tips 小秘訣

我們可以自己製作與主題圖卡，如：請指給我看，下面的圖卡中哪一張圖卡的裡的東西是具有生命的？哪一個是甜的？哪一個具有電磁波？等。

閱讀活動 ❸

適用 3 歲 **砂字板：英文字母**

教具

- 1 個盒子
- 1 組砂紙字母（母音用藍色砂紙、子音用紅色砂紙）

當孩子明白字是由母音及子音組成的時候，我們就可以開始使用「三階段教學法示範」進行砂紙字母的學習。

選擇孩子有情感認同的字，如：孩子名字的第 1 個字母，或著是「媽媽（maman）」的「m（ㄇ）」等等。

基本上來説，我們選擇的單字要包含 1 個母音與兩個子音。

示範

1. 選擇 3 個字母，如 M、A、S，告訴孩子發音，如 M 要說ㄇ、A 要說ㄚ、S 要說ㄙ。
2. 拿出 M，以食指和中指觸摸砂字，並且唸 M（ㄇ），邀請孩子觸摸並跟著唸。
3. 接著示範「A（ㄚ）」，然後是「S（ㄙ）」。

4. 將3張字母排列在一起,然後請孩子:「拿M(ㄇ)給我」;「拿A(ㄚ)」給我」;「拿S(ㄙ)給我」。

5. 如果孩子拿錯了,不要責備,只需請孩子再次觸摸他拿錯的字母,並複述一次發音。

6. 將字母隨意擺放,不斷練習,請拿A(ㄚ)給我;請將M(ㄇ)蓋起來」;「請你觸摸S(ㄙ)」直到孩子熟稔。

7. 將1張字母放在孩子面前,問他:「這是什麼?」,然後是第2張、第3張。

8. 結論「你今天學會了M(ㄇ)、A(ㄚ)、S(ㄙ)。」

Tips 進階活動

砂盤與砂紙字母:將砂紙字母放在孩子左邊,請他用手在右邊的砂盤上寫出字母。

▲砂紙字母

閱讀活動 ❹

適用 3 歲 **字母配對：字首**

找出物體名稱的第 1 個字母。

教具

- 1 張地毯
- 1 張畫線的紙
- 1 個大盒子（放入 6 樣孩子認得單字的物品，如蘋果、橘子、香蕉等）
- 1 個字母盒（放入上述 6 樣物品的首字字母，或砂紙字母）

> 如果孩子答不認識 6 樣物品，可以先告訴他名稱。

- -

示範

1. 邀請孩子坐在地毯上，前面放置 1 張畫好線的紙。
2. 拿出第一樣物品，如蘋果，然後詢問孩子，「你知道這是什麼嗎？」

3. 請孩子在字母盒裡找出他聽到的字首字母，並且放到托盤上，如 APPLE（蘋果）、A。

4. 將蘋果放在畫好線的紙上，將 A 放在蘋果的右邊。

5. 邀請孩子拿出第二項物品，依照步驟 2 ～ 4 做一次。

6. 邀請孩子自己完成活動。

7. 活動結束後要求孩子將教具收回原位。

閱讀活動 ❺

適用 3 歲 **字母配對：字尾**

教具

〔托盤上〕

- 1 張地毯
- 1 張畫線的紙
- 1 個托盤
- 1 個大盒子（放入 6 樣孩子認得單字的物品，如蘋果、橘子、香蕉等）
- 1 個字母盒（放入上述 6 樣物品的字尾字母，或砂紙字母）

- -

示範

1. 邀請孩子坐在地毯上，前面放置 1 張畫好線的紙。
2. 拿出第一樣物品，如蘋果，然後詢問孩子，「你知道這是什麼嗎？」
3. 請孩子在字母盒裡找出他聽到的字尾字母，並且放到托盤上，如 APPLE（蘋果）、E。
4. 將蘋果放在畫好線的紙上，將 E 放在蘋果的右邊。
5. 邀請孩子拿出第二項物品，依照步驟 2 ～ 4 做一次。

6. 邀請孩子自己完成活動。

7. 活動結束後要求孩子整理回原位。

▲字母配對：字首：SHOES（鞋子）、S

閱讀活動 ❻

適用 3 歲 **字母卡**

教具

- 1 個文件夾
- 幾張 A4 白紙
- 幾張圖片

示範

1. 在文件夾裡的張紙上寫上一個孩子新認識的字母，母音用藍色筆、子音用紅色筆。

2. 如果孩子剛學會「a（ㄚ）」，用藍色筆在白紙上方註記「a（ㄚ）」，然後幫助孩子找到用「a（ㄚ）」開頭的單字。您可以在網路上或是雜誌上找到這些圖片，然後跟孩子一起將圖片剪下來，貼在這張紙上（或讓孩子貼）。

3. 慢慢蒐集後，文件夾會放滿相關的字母及圖片，孩子想看的時候就可以去翻閱，以幫助他建立自信並自己複習。

4. 當孩子經常翻閱這些字母與圖片時，他就能輕易地記起每個字母。

PART 5

文化

文化活動的準備與介紹

對所處世界有充分的認識對孩子來說很重要，如此可以讓孩子感知世界的美好，並且發展自信心。

幼兒求知若渴，為了不扼殺其求知慾，回答孩子的問題必須有技巧。

所有關於歷史、地理與科學的活動，都在幫助孩子認識世界；即使是在語言發展期，透過這些活動也可以大量增加孩子的詞彙／單字量。

在安全的環境中，透過具體的學習方法讓孩子從幼兒期就開始學習是很重要的。因為幼兒會透過感官與雙手來學習，他需要聞、看、聽，有時可能還需要嚐。

開始介紹文化活動前，得先帶孩子出門探索世界，鼓勵他們觀察大自然，認識各種自然現象與動物。當我們帶孩子出門散步的時候，要讓孩子有時間觀察、觸摸、聞味道、聆聽等，讓孩子體驗自然的美好，如果孩子覺得舒服，慢慢地他就會認識自我，具自我覺察能力，使內心平衡穩定的成長。

Tips

在盡可能的範圍內，讓孩子從幼兒時期就開始學習。當然，得用具體的學習方法，因為幼兒只會使用感官與雙手。

透過文化活動可以協助孩子找到自己在世界的定位，而這樣的活動有幾百個！最重要的是把握幾樣重點：盡可能使用「真實事物」，跟孩子一起討論，最後讓他自己獨立完成活動。

Tips

透過文化活動可以協助孩子找到自我定位。

孩子做活動時，大人不需要經常陪在身邊。事實上，錯誤檢查的訓練目的是讓孩子主動學習並發現錯誤，藉此發展解決問題的能力，靠自己找出正確解答。

父母總是急著幫孩子找到解答，但是長久來看這並不是好方法，一個孩子如果能夠自己發現錯誤並且修正，將有助他發展未來人格，並奠定邏輯推理能力、觀察力及創造力。

文化活動大部分得在桌子或地毯上舉行，重要的是讓孩子選擇他想要進行活動的地方，這樣孩子會更有學習動力。

無論活動是在地毯上還是桌上進行，教具都必須依序排放在最上面：由左至右放在準確的位置，由大人平靜和緩地進行活動示範，如果覺得孩子還想繼續，大人可以適時地延長活動，但不要強迫。如果孩子無法準確地執行示範，可能是因為他還沒準備好，或者不感興趣，這時候請大人要求孩子將教具收回原位，並且告訴孩子：「我們下次再開始」。

活動結束後必須將教具收好。

先由孩子選擇想要進行的活動，然後大人再進行示範，且由孩

子自己從頭到尾準確地完成。重要的是大人必須制定時間,讓孩子在無壓力的情況下學會自我控制。

除此之外,收教具的層架上必須保留空間給「文化活動」使用,且以主題分類,如:歷史(每個時期的歷史)、地理跟科學。一次不要放太多活動,將教具收在托盤或籃子裡,然後定期更換。

三階段教學法示範

活動的中心思想是為了讓孩子認識詞彙/單字,所以大人要使用「三階段教學法」來教導孩子。

這個方法來自蒙特梭利教學,為了讓孩子有效學習詞彙/單字、字母、數字、五大洲等,重點是要經常練習直到熟練為止。

〔第一階段〕

這個方法的教學重點在於字詞的準確性與感官知覺間的關聯性。

大人必須先單獨說出一個字詞,發音清楚地說出每個音節,這樣能夠讓孩子清楚地感受到這個字詞,如當我們跟孩子介紹花朵的基本構造時,為了讓孩了解花各個部分的基本結構,以及了解自然界植物花朵的組成結構,必須說:「這是花托,花托。」接著說:「這是花瓣,花瓣。」然後說:「這是花蕊,花蕊。」

這部分的活動分類必須能夠讓孩子將字詞與物體或是相關的名稱與抽象概念產生關聯，物品與名稱必須讓孩子一看就明白故宜選擇單一發音的字詞。

〔第二階段〕

　　選擇的物品必須明確地與詞彙相符合，大人得不斷拿出實體證明來達成課程目標。

- **第一階段**：先觀察孩子是否能連結實際物品與詞彙。

- **第二階段**：則應留時間讓孩子認識物品與詞彙：由大人靜靜地觀察後緩慢地、咬字清晰地詢問孩子：「請告訴我花瓣在哪裡？」、「請指出哪個是花蕊？」請孩子用手指指出來，這樣大人就會知道孩子是否了解詞彙與物品之間的關聯性，並進行記憶與連結。

　　第二階段示範很重要，這是真正在上課，能夠幫助孩子記憶、聯想與連結。當大人覺得孩子已經了解並有興趣時，請不厭其煩地用不同的方式詢問孩子同樣的問題，例如：「請告訴我花瓣在哪裡？」、「請指出花托在哪個位置？」、「請把花芯遮起來」等。

　　重複提問數次後，孩子會記住大人強調的這個詞彙。孩子在回答每一次的重複提問時，會自然而然地在腦海裡搜尋物品與字詞的關聯性。如果大人發現孩子開始不專心了，或者是孩子不認真回答問題而答錯了，不需要糾正也不需要堅持，只要暫停活動，晚點或者改天再開始就行了。

〔第三階段〕

● **第三階段**：學習是為了讓孩子記住對應物品的詞彙，可以快速地驗證先前的學習效果。大人詢問孩子（一次詢問一個字詞與物品）：「這是……」、「你拿起的是……」等，如果孩子已經將詞彙記得很好了，他會回答出你期待的答案，例如：「這是花瓣」、「這是花蕊」等。

在結束前必須替此次活動下結語，依從下到上的順序，告訴孩子，我們今天學會了花托、花瓣、花蕊；並請孩子練習花的各部分名稱，可參考的提示語：「這是……」、「請指出哪個是……」、「你拿起的是……」等。

如果孩子的回答都正確，在下結語的時候在孩子面前放上三張圖卡與三樣物品，然後告訴孩子：「今天你學會了『花托』（拿起花托）、『花瓣』（拿起花瓣）跟『花蕊』（拿起花蕊）。」

下次在開始下個活動時，請先確認先前認識的三個詞彙孩子都還記得，如果孩子只記得兩個，就將他忘記的那個詞彙再拿出來，並且加入兩個新詞彙。

Tips 小秘訣

基本上，無論是介紹物品、圖卡、數字，或者是顏色等，一次最多提供三樣。但是如果孩子還太小或者是有學習問題的孩子（閱讀障礙、算術障礙、學習障礙等困難），一次提供兩樣物品即可。

文化活動 ❶

適用 2 歲 **個人生命史**

教具

- 1 捲色紙
- 數張孩子成長過程中重要事件的照片

示範

1. 將長條形的彩色紙橫貼在牆上，並且將孩子成長過程中重要事件的照片從出生到現在依序貼在彩色紙上，並且標記事件發生時的年紀、地點與故事（例如：第一次生日、踏出第一步、第一次騎腳踏車、第一次當哥哥、第一天入學等）。
2. 用堅定且熱情的聲調跟孩子說他成長的故事，並且表現出孩子是唯一且美好的存在。

文化活動 ❷

適用 2 歲 **生日郊遊**

教具

- 1 根蠟燭
- 1 張圓形地毯（有四季圖樣，如果沒有可以放置四季圖片）
- 1 顆地球儀
- 12 張紙條（分別寫上 12 個月份）
- 1 個蛋糕

> 將紙條依序圍繞在蠟燭周圍，將蠟燭放在圓形地毯的中央。

示範

1. 列出孩子的成長時間表。
2. 邀請孩子入座，並且跟他說明這是特別的一天，因為是他出生的日子。
3. 邀請孩子拿著地球儀並點上蠟燭。
4. 跟孩子解釋蠟燭象徵著太陽系裡的太陽，所有的星球都圍繞著太陽轉，請孩子轉動手上的地球儀，並且告訴他地球繞著太陽轉一圈需要一年，也就是十二個月。

5. 開始跟孩子說他的成長故事，並向孩子展示從他出生到現在的照片，跟他說：「這天（說出他出生的日期）一個非常美好的孩子誕生了。」

6. 如果在孩子出生前有重要事件發生，請先敘述。

7. 邀請孩子拿著手中的地球儀繞行蠟燭一圈，也就是太陽。

8. 當孩子繞行一圈後，拍拍他的手並且告訴他：一年過囉！

9. 接著跟孩子說，他出生第二年發生的事，依序敘說到現在。

10. 拿出點上蠟燭的蛋糕，唱著生日快樂歌，邀請孩子吹熄蠟燭。

11. 如果孩子比較大，在他生日的時候可以邀請一位同伴或者兄姐來拿著月亮，展示月亮的周期。在孩子繞著地球走的時候，同伴在他身旁依照月份跟著月亮繞。

文化活動 ❸

適用 2 歲　**動手畫**

教具

- 1 個畫架或黑板與白板
- 1 張鋪防水布
- 1 張桌子
- 1 張椅子

〔盒子內〕
- 幾支鉛筆、白板筆、粉筆、彩色蠟筆
- 幾張白紙、色紙
- 幾塊布、家飾雜誌
- 1 把剪刀
- 1 瓶膠水
- 2 個衣夾

準備 1 個孩子可以畫畫或者做勞作的地方。

示範

1. 準備 1 個孩子可以畫畫或者做勞作的地方，放 1 個畫架（黑板或白板），還有一張鋪上防水布的桌子與椅子。
2. 做勞作的工具必須以盒子分開收在架子上，讓孩子可以自由拿取（請準備鉛筆、白板筆、粉筆、彩色蠟筆、白紙、小塊的布與家飾雜誌讓孩子可以剪貼。不可以一次將所有工具拿出來，還要保留 1 個空間放白紙與色紙）。
3. 在畫架上準備兩個衣夾，讓孩子可以將紙張夾上去開始作畫。
4. 在孩子的房間裡保留 1 個可以展示作品的空間。

文化活動 ❹

適用 2.5 歲 **水、空氣與土壤**

教具

- 3 個盒子（1 個裝水、1 個裝土壤、1 個空的）
- 4 艘水中交通工具模型（如船，並貼上同色的圓形貼紙）
- 4 輛陸地交通工具模型（如車子，並貼上同色的圓形貼紙）
- 4 架空中交通工具模型（如飛機，並貼上同色的圓形貼紙）

在裝水的盒子裡放入水中行駛的交通工具模型；在裝土的盒子裡放入入陸地行駛的交通工具模型；空盒子裡放入 4 架在空中行駛的交通工具模型。

示範

1. 詢問孩子知道盒子裡裝什麼嗎？如果孩子不知道，請跟他解釋並且盡可能地使用三階段教學法示範。
2. 請孩子分別將盒子裡的交通工具模型取出分類，直行排列；車子排一行、船一行、飛機一行。
3. 讓他核對模型的貼紙顏色是否相同，進行錯誤檢查。

Tips 小秘訣

將交通工具模型換成動物模型，如水中游的動物、陸上行走的動物、天空飛翔的動物。

文化活動 ❺

適用 3 歲　**生物分類**

　　人類、動物和植物都是生物，所有的生物都經歷過以下四個階段：

- 出生
- 成長
- 繁殖
- 死亡

生物都有四項特點：

- 成長（出生、成長、死亡）
- 進食
- 呼吸
- 繁殖

　　植物也是生物的一種，因為他們不只會呼吸，也會以種籽的狀態繁殖。

　　生物的三大分類：

- 人類
- 植物
- 動物

請詢問孩子：

- 這個可以吃嗎？
- 這個可以喝嗎？
- 這個會長大嗎？
- 這個會生寶寶嗎？
- 這個會死亡嗎？

如果我們回答「是」，就代表是生物，如果回答「不是」，就表示非生物。

教具

- 1 張地毯
- 2 張小紙條（1 張寫生物、1 張寫非生物）
- 3 張生物類相片（如 1 朵鬱金香、1 個女孩、1 隻狗等）
- 3 張非生物類相片（如 1 隻泰迪熊、1 架鋼琴、1 輛車等）
- 6 張白色紙卡（14 x 14 公分）

將相片黏在白色紙卡上，並在生物紙卡背面貼上紅色圓形貼紙，非生物紙卡背面貼上綠色圓形貼紙，方便錯誤檢查。

示範

1. 將寫有生物與非生物的紙條放在地毯上。
2. 跟孩子說明生物都會經歷出生、成長、繁殖與死亡的生命歷程。
3. 將生物與非生物紙條拿給孩子看後放在地毯上。
4. 然後拿起貼有照片的白色紙卡，給孩子思考的時間並詢問：「這是剛出生嗎？」、「這是長大的嗎？」、「這是生寶寶了嗎？」等。
5. 根據孩子的回答詢問：「這是生物還是非生物？」根據孩子的回答將紙卡排放在寫有生物或非生物的紙條下方。
6. 重複步驟 4 及 5，完成其他紙卡。
7. 將白色紙卡翻面，查看貼紙顏色，讓孩子自我訂正。

文化活動 ❻

適用 3 歲　**水的浮力**

教具

- 1 個托盤
- 1 個透明小水壺
- 1 個透明碗
- 1 個籃子（內裝 1 根蠟燭、1 瓶膠水、1 塊小木板、1 個有蓋子的空瓶子、1 顆螺絲釘、1 個木鉤、1 個硬幣、1 塊黏土）
- 1 塊海綿
- 1 條毛巾
- 1 個小水桶

示範

1. 跟孩子一起至層架上取出教具並放在桌子上。
2. 請孩子在小水壺內裝水。
3. 將小水壺與透明碗放在桌上。
4. 請孩子將小水壺內的水倒入透明碗中。
5. 將籃子裡的東西一一排放在桌上，並說出它們的名稱。
6. 告訴孩子：「我們會看見浮在水面上的物品與沈在水底的物品。」

7. 將蠟燭放入水中並且觀察：它浮起來。

8. 邀請孩子放入膠水，然後觀察：它沈下去了。

9. 將其他物品一一放入水中。

10. 將水中所有的物品拿出後用海綿擦乾，邀請孩子將它們分類成漂浮與下沈。

11. 告訴孩子：「這邊的東西會下沈，那邊的東西會浮起來。」

12. 將物品用毛巾擦乾後收回籃子裡，並將水倒進水桶裡。

文化活動 ❼

適用 3 歲　指北針

教具

- 1 個托盤
- 1 個透明水壺
- 1 個透明盤
- 1 個指北針
- 1 根縫針
- 1 個磁鐵
- 1 個暗釦
- 1 個水桶
- 1 塊海綿
- 1 條毛巾

先用磁鐵摩擦縫針的尾端數次，請注意，磁鐵與縫針要沿同一方向摩擦，不可來回摩擦。將摩擦後的縫針碰觸另一根縫針，若能吸住代表已磁化，即可將暗釦黏在縫針下。

示範

1. 跟孩子一起至層架上取出教具並放在桌子上。
2. 請孩子在水壺內裝水。
3. 將水壺與透明盤放在桌上。
4. 請孩子將水壺內的水倒入盤子內。
5. 拿出指北針，然後詢問孩子：「這是什麼？」
6. 告訴孩子：「你看！這是指北針，指針的方向是北方。」
7. 將縫針放入水盤中。
8. 觀察針的變化。
9. 縫針開始移動，過一會針頭會指向北方。
10. 告訴孩子：「你看！這縫針指的方向跟指北針一樣。」
11. 邀請孩子做一次。
12. 實驗完成後，把盤子的水倒進水桶裡，並用海綿擦乾桌子。
13. 用毛巾將教具擦乾收回層架上。

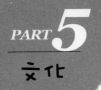

文化活動 ❽

適用 3 歲 **水循環**

教具

- 1 個有蓋子的透明盒子
- 一些土壤和小礫石
- 1 株小植物
- 1 個小杯子（可放進盒子的大小）

示範

1. 邀請孩子將土壤與砂礫放進盒子底部，並輕輕地將植物種在土壤中。
2. 將小杯子裝水，然後放置在植物旁邊。
3. 將盒子的蓋子蓋緊。
4. 將盒子放在陽光底下。
5. 經常邀請孩子一起觀察植物的變化：小杯子裡的水在陽光照射下蒸發，我們可以看見盒子的蓋子上方有凝結的小水珠，然後重力導致水珠向下滴落在植物上，幫植物澆水，使植物成長。這就是水循環過程，蒸發、冷凝、沈澱。

文化活動 ❾

適用 3 歲　認識各種地形

教具

- 1 組立體地形模型（島、湖、半島、峽灣、湖泊群、群島、地峽、海峽、海岬、海灣，擇一）
- 1 個水壺（裝藍色水，代表海水，盡可能使用食用色素）
- 1 艘小船
- 1 張世界地圖
- 1 塊海綿
- 1 個水桶

示範

1. 邀請孩子選擇 1 個模型，將水壺的藍色水倒在模型中。
2. 使用「三階段教學法示範」學習每個地形模型的詞彙（如這是島；指出島；這是什麼？孩子答島）。
3. 請孩子將小船放進模型裡。
4. 向孩子說明模型的地形，並展示地圖或者世界地圖給他看。
5. 將模型內的水倒進水桶裡，並用海綿將教具擦乾。
6. 告訴孩子如果他有興趣，我們改天再來認識其他地形。

文化活動 ❿

適用 3 歲 磁力／鐵粉

〔活動 1：磁力〕

教具

〔托盤上〕

· 1 塊磁鐵
· 1 個盒子（內裝 1 個頂針、1 個衣夾、1 把鑰匙、1 個硬幣、1 個
  木鉤子、1 個釘子、1 個迴紋針、1 個軟木塞）

示範

1. 跟孩子一起到層架上拿出教具放在桌上。
2. 從盒子裡將教具一一取出並說明它們的名稱。
3. 取出磁鐵並且告訴孩子名稱。
4. 將盒子內的物品取出排列整齊。
5. 告訴孩子：「我們來觀察能夠被磁鐵吸附的物品。」
6. 將磁鐵逐一靠近每項物品。
7. 邀請孩子自己做一次。
8. 邀請孩子將會被磁鐵吸著的物品排放成一列，不會的排成另一列。
9. 將教具整理好，收回層架。

〔活動 2：鐵粉〕

教具

〔托盤上〕
- 1 塊磁鐵
- 2 個相同的杯子（1 個裝白細砂、1 個裝鐵粉）

‒ ‒

示範

1. 跟孩子一起到層架上拿出教具放在桌上。
2. 拿出相同的兩個杯子，跟孩子解釋內容物。
3. 將鐵粉倒進裝有細砂的杯子裡。
4. 將磁鐵放在杯子上方。
5. 觀察杯子的變化。
6. 鐵粉會被吸附在磁鐵上。
7. 用手指將磁鐵上的鐵粉撥進空杯子裡。
8. 繼續將磁鐵放在杯子上方，直到磁鐵吸出細砂裡的所有鐵粉。
9. 邀請孩子自己做一次。
10. 將教具整理好，收回層架。

文化活動 ⓫

適用 3 歲 **認識四季**

教具

在小桌子上放置一些孩子散步時撿回來的物品,或者是您可以依照季節來準備:

· 一些杜鵑花、楓葉、松葉、松果、橡實等（或依季節更換的動／植物生長圖）
· 1 支放大鏡
· 1 張椅子

> 在每樣物品旁邊放置一張寫有名稱的紙條,即使孩子不認識字,他也會知道這個字是特別的。

示範

1. 邀請孩子坐在椅子上觀察桌上的物品,跟孩子簡單介紹,然後教孩子怎麼拿起這些物品。
2. 教孩子怎麼使用放大鏡觀察細節。
3. 使用「三階段教學法示範」教孩子這些物品的詞彙。

4. 將寫有名稱的紙條放在物品旁邊。
5. 經常性地依季節更換物品。

Tips 小秘訣

準備的季節物品，要經常更換，以使孩子漸漸地瞭解四季更迭：
秋天的楓葉、冬天的聖誕紅、春天的杜鵑、夏天的向日葵等。

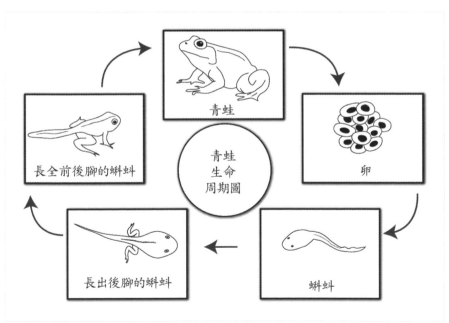

青蛙

卵

長全前後腳的蝌蚪

青蛙
生命
周期圖

長出後腳的蝌蚪

蝌蚪

▲季節與青蛙生命周期圖

文化活動 ⑫

適用 3 歲 **各洲動物**

教具

- 5 ～ 7 張各種動物圖卡（各大洲的主要動物，在各大洲動物圖卡背面粘貼不同顏色的圓形貼紙，以不同顏色區分各大洲的動物）
- 5 ～ 7 種顏色的標籤（需與貼紙顏色符合，寫上動物的名稱）
- 1 張平面世界圖（用不同顏色區分各大洲，需與顏色標籤同色，請參見 P.255）

相關圖片可在網路上找到。

示範

1. 拿起 1 張動物圖卡，向孩子介紹其名稱、特徵來自哪一洲，完成 1 張後繼續其他動物。
2. 請孩子拿出世界地圖。
3. 將每隻動物放在地圖上牠所屬的洲。
4. 如果孩子已經識字，請他將動物的標籤放在模型下。

文化活動 ⓭

適用 3 歲 **動物足跡配對**

教具

・6 組動物照片（6 張動物的照片、6 張相對應的動物足跡照片）
・1 張地毯

在每組動物照片及對應的足跡照片背面貼上相同顏色的圖形貼紙，以方便孩子錯誤檢查。

示範

1. 將照片由左至右水平放置在地毯上。
2. 將動物照片排成一行，足跡照片排成另一行。
3. 拿起 1 張動物的照片。
4. 將照片放在地毯上方。
5. 找出與動物相對應的足跡照片，然後放在動物照片的右邊。
6. 拿起另 1 張動物照片，放在前 1 張動物照片下方，然後拿起相對應的足跡照放在動物照片的右邊。
7. 請孩子繼續活動直到完成其他組照片的排列。
8. 活動最後，請孩子將照片**翻面**，比對貼紙顏色，自己進行錯誤檢查。

文化活動 ⓮

適用 3 歲 **動物眼睛配對**

教具

- 6 組動物照片（6 張動物的照片、6 張相對應的動物眼睛照片）
- 1 張地毯

在每組動物照片及對應的眼睛照片背面貼上相同顏色的圓形貼紙，以方便孩子錯誤檢查。

示範

1. 將照片由左至右水平放置在地毯上。
2. 將動物照片排成一行，眼睛照片排成另一行。
3. 拿起 1 張動物的照片。
4. 將照片放在地毯上方。
5. 找出與動物相對應的眼睛照片，然後放在動物照片的右邊。
6. 拿起另 1 張動物照片，放在前 1 張動物照片下方，然後拿起相對應的眼睛照片放在動物照片的右邊。
7. 請孩子繼續活動直到完成其他組照片的排列。
8. 活動最後，請孩子將照片翻面，比對貼紙顏色，自己進行錯誤檢查。

文化活動 ⓯

適用 3 歲 **動物外皮特徵配對**

教具

・6 組動物照片（6 張動物的照片、6 張相對應的動物外皮照片）
・1 張地毯

在每組動物照片及對應的外皮特徵照片背面貼上相同顏色的圖形貼紙，以方便孩子錯誤檢查。

示範

1. 將照片由左至右水平放置在地毯上。
2. 將動物照片排成一行，動物外皮照片排成另一行。
3. 拿起 1 張動物的照片。
4. 將照片放在地毯上方。
5. 找出與動物相對應的外皮照片，然後放在動物照片的右邊。
6. 拿起另 1 張動物照片，放在前 1 張動物照片下方，然後拿起相對應的外皮照片放在動物照片的右邊。
7. 請孩子繼續活動直到完成其他組照片的排列。
8. 活動最後，請孩子將照片翻面，比對貼紙顏色，自己進行錯誤檢查。

文化活動 ⑯

適用 3 歲 **孩子的 1 週時間軸**

教具

· 1 張長白紙（製作 1 週橫向時間軸，標示出星期；並且在紙條上畫出孩子每天一項特別活動的圖示，例如，上舞蹈、拼積木、玩粘土、踢足球，在圖的上方標記星期）。
· 1 張地毯

請準備另一份空白時間軸與活動圖片（需與時間軸上相同）。

- -

示範

1. 邀請孩子坐在地毯上，然後將 1 週時間軸打開。
2. 使用「三階段教學法示範」讓孩子認識每 1 天，並且向孩子展示 1 週時間軸上的圖畫。
3. 為了讓孩子能夠記住 1 週 7 天的次序，請他參考 1 週時間軸將另外準備的活動圖片依序放在空白的 1 週時間軸下。
4. 請孩子將 1 週時間軸翻至背面。
5. 請孩子說出 1 週 7 天的排程。
6. 請孩子將 1 週時間軸翻過來錯誤檢查，確認活動順序是否正確。

文化活動 ❶

適用 3 歲　**孩子的 1 天時間軸**

教具

・1 張長白紙（製作 1 天橫向時間軸，標示出時間；並且在紙條上畫出孩子這天重要事件的圖示，例如：起床、早餐、上學、午餐、校園活動、回家、玩遊戲、晚餐、刷牙、上床睡覺，在圖的上方畫上時鐘標示時間）。
・1 張地毯

請準備另一份空白時間軸與活動圖片（需與時間軸上相同）。

- -

示範

1. 邀請孩子坐在地毯上，將 1 天時間軸打開。
2. 跟孩子談論他看到了什麼。
3. 向孩子展示時鐘。
4. 請孩子說明 1 天時間軸上圖畫的事件。
5. 邀請孩子將另外準備的圖片放置於空白時間軸上。
6. 請孩子將事件圖片依照時間順序排列出來。
7. 請孩子將 1 天時間軸翻過來錯誤檢查。

文化活動 ⑱

適用 3 歲 **氣象記錄**

教具

- 1 張月曆
- 數張天氣圖卡（如雲、雨、陽光、霧、雪、風、雷電等）

- -

示範

1. 拿出天氣圖卡，一一向孩子解釋各種天氣狀況。
2. 使用「三階段教學法示範」讓孩子記住名稱。
3. 拿出月曆。
4. 每天請孩子觀察外面的天氣，然後將天氣圖卡貼在當天的格子中。
5. 當孩子大一點的時候，可以請孩子觀察溫度計，並且在月曆裡寫上當天的溫度。
6. 進一步請孩子記錄風向、溼度等。

文化活動 ❶⑨

適用 3 歲 **四季時間軸**

教具

‧4 張不同顏色的長紙（白色、草綠色、黃色、棕色）
‧數張四季圖片（春、夏、秋、冬）
‧ 1 張地毯

　　（製作四季橫向時間軸，在長紙卡下方寫上四季名稱，並依照下列顏色製作四季時間軸：冬天是白色、春天是草綠色、夏天是黃色、秋天是棕色；在每一張時間軸的上方寫上季節名稱，並在每張紙的相同位置粘貼上四季圖片。）

　　請準備另一份空白季節時間軸與四季圖片（需與四季時間軸上相同）。

示範

1. 請孩子拿出季節時間軸坐在地毯上。
2. 分別拿起四張季節時間軸詢問孩子看到什麼。
3. 使用「三階段教學法示範」幫助孩子認識四季名稱。
4. 為了讓孩子能夠記住四季名稱，請他參考季節時間軸，將另外準備的季節圖片依序放在空白季節時間軸下。
5. 將時間軸翻面，請孩子再做一次上述示範。
6. 請孩子將季節時間軸翻過來確實訂正。

文化活動 ❷⓪

適用 3 歲 **月份時間軸**

教具

- 3 張白色長色紙
- 3 張草綠色長色紙
- 3 張黃色長色紙
- 3 張棕色長色紙
- 1 張地毯

　　（製作 12 個月份橫向時間軸，標示出月份；最理想的製作方式是以顏色區分季節，如：冬天／白色、春天／草綠色、夏天／黃色、秋天／棕色。至於季節轉換的月份，可以使用兩張色紙來表示各自所屬的季節，例如 3 月就是一半白色一半綠色。然後在紙條上畫出孩子每個月的一項特別活動的圖示，例如，生日、開學、家族旅遊，並在圖的上方標記月份。）

請準備另一份空白月份時間軸與活動圖片（需與時間軸上相同）。

示範

1. 請孩子坐在地毯上並且攤開月份橫向時間軸。
2. 使用「三階段教學法示範」讓孩子認識月份名稱。
3. 跟孩子討論月份時間軸。
4. 為了讓孩子能夠記住月份名稱,請他參考月份時間軸將另外準備的月份圖片依序放在空白月份時間軸下。
5. 將時間軸翻面,請孩子再做一次上述示範。
6. 請孩子將月份時間軸翻過來確實訂正。

文化活動 ㉑

適用 3 歲　**紀錄現在／過去**

教具

· 1 張紙
· 幾張當日特殊事件的照片

　　將紙張左右對折，在紙的右上方寫上「現在」；另外在紙的左上方寫上「過去」。將過去重要事件照片拿出來，例如：家族聚餐、生日 PARTY 等。

- -

示範

1. 拿出紙張與今天發生的特殊事件照片。
2. 請孩子敘述一件今天發生的特殊事件，如家族聚餐、生日 PARTY、完成的作品等，並趁孩子敘說時將照片貼在「現在」那一邊的紙上。
3. 幾天之後再拿出這張紙，告訴孩子，這件事已經過了幾天，所以我們現在要把它改貼在「過去」那一邊的紙上。

文化活動 ⑫

適用 3 歲 **國旗與國家**

教具

- 2 組國旗圖卡（依照分佈各大洲的國家來製作國旗圖卡，圖卡顏色與洲的顏色需相關聯（請參見 P.255）；1 組圖卡寫上國家名稱；另 1 組圖卡空白）
- 1 組國家名稱標籤貼紙（需與國旗相對應）
- 無著色國旗圖
- 1 組蠟筆

這個活動與三段認知卡活動有關（請參見 P.190）。

示範

1. 請孩子回想「三段認知卡活動」的進行方式。
2. 使用「三階段教學法示範」讓孩子認識一面國旗，並且簡短講述該國歷史（第一階段，了解國旗圖案與相關國家的詞彙；第二階段請孩子指出與國家詞彙相對應的國旗；第三階段，由大人提問這是哪個國家的國旗，由孩子說出）。

3. 請孩子繼續認識其他國旗圖卡。

4. 如果孩子已經認識字，請他將標籤紙上的國名貼在相對應的國旗
   圖卡上。

5. 拿出事先準備好的無著色國旗圖，請孩子著色。

文化活動 ❷❸

適用 4 歲 **空氣和水 1**

教具

〔托盤上〕

・1 個小水壺
・1 個圓形透明水盆
・1 塊海綿
・1 個玻璃杯
・1 個杯子裡放入開心果殼（當成小船）
・1 根吸管
・1 條小毛巾
・1 個水桶

- -

示範

1. 跟孩子一起至層架拿教具，放在桌子上。
2. 請孩子將小水壺裝滿水。
3. 將小水壺、水盆與海綿放在桌上。
4. 請孩子將水倒進水盆裡，不要滿出來。

〔活動 1〕

1. 將杯子倒放在桌上。

2. 將倒放的杯子垂直放入盛水的水盆中。

3. 稍微傾斜杯子，請孩子觀察，杯口開始產生氣泡。

4. 邀請孩子自己做一次。

〔活動 2〕

1. 將船、吸管與海綿放在桌上。

2. 將堅果殼（小船）放在水盆中，然後拿起吸管對小船吹氣，讓船開始行駛。

3. 邀請孩子自己做一次。

〔活動 3〕

1. 將吸管與海綿放在桌上。

2. 拿起吸管放入水盆中，輕輕地吹氣（不要太用力以免水濺出來），水盆中開始產生氣泡。

3. 活動結束後，將水倒進水桶，並用海綿將桌子擦乾淨。

4. 將教具收回層架上。

文化活動 ❷④

適用 4 歲 **各國國旗**

教具

〔托盤上〕

- 2 組國旗圖卡（依照分佈各大洲的國家來製作國旗圖卡，圖卡顏色與洲的顏色需相關聯（請參見右頁）；1 組圖卡寫上國家名稱；另 1 組圖卡空白）
- 1 組國家名稱標籤貼紙（需與國旗相對應）

這個活動與三段認知卡活動有關（請參見 p.190）。

示範

1. 請孩子回想「三段認知卡活動」的進行方式。
2. 使用「三階段教學法示範」讓孩子認識一面國旗，並且簡短講述該國歷史（第一階段，了解國旗圖案與相關國家的詞彙；第二階段請孩子指出與國家詞彙相對應的國旗；第三階段，由大人提問這是哪個國家的國旗，由孩子說出）。
3. 請孩子繼續認識其他國旗圖卡。如果孩子已經認識字，請他將標籤紙上的國名貼在相對應的國旗圖卡上。

文化活動 ㉕

適用 4 歲 **認識國界**

教具

〔托盤上〕

- 各大洲拼圖：北非（橘色）、南美洲（粉紅色）、南極洲（白色）、
  歐洲（紅色）、非洲（綠色）、亞洲（黃色）、大洋洲（棕色）、
  海洋（藍色）
- 1 枝筆
- 1 張紙
- 1 組蠟筆

示範

1. 示範如何將地球變成地圖。
2. 向孩子介紹各大洲。
3. 說明地球與地圖的相似性。
4. 邀請孩子用夾鉗姿勢拿起每塊拼圖。
5. 請孩子開始拼拼圖。
6. 使用「三階段教學法示範」讓孩子學習各州名稱。
7. 使用「三階段教學法示範」讓孩子學習各大洋名稱。

8. 示範如何用紙張描繪出各大洲的形狀，讓他畫出自己的地圖。
9. 邀請孩子在他的地圖上替各大洲塗上相對應的顏色。

文化活動 ㉖

適用 4 歲　**認識種族**

教具

・各大州孩子照片集（可以自行製作，可以放入孩童的獨照，或是合照，如與父母、長輩的照片，將照片黏貼在與各大洲顏色相對應的色紙上，請參見 P.255）

各洲照片上的成員須具一致性。

示範

1. 請孩子選擇 1 個州，並在照片集中選出相對應的該州人物照。
2. 跟孩子討論照片上不同種族孩子的特點。
3. 邀請孩子繼續完成其他州孩子的照片。

文化活動 ❷⃝

適用 4 歲　**探索植物的生長**

教具

〔托盤上〕
- 幾種水果（不同味道，如甜的、酸的）
- 幾種蔬菜（選擇食用部位不同的，如根莖類——蘿蔔、馬鈴薯；葉——地瓜葉；花——花椰菜；果實——茄子；種籽——綠豆）
- 1 組蔬果名稱標籤貼紙（需與蔬果相對應）

示範

1. 邀請孩子觀察、感受眼前這些蔬果顏色、口味與氣味上的不同。
2. 例如芒果，將芒果切開，讓孩子感受芒果的顏色、觸感、氣味、重量等等。
3. 說明各類蔬果相對應的名稱。
4. 找出與各類蔬果名稱相對應的標籤紙。

文化活動 ❷⑧

適用 4 歲 **測量時間**

教具

〔托盤上〕
- 測量時間的工具圖片（如馬表、計時器、時鐘等）
- 1 組名稱籤貼紙（需與測量工具相對應）

標籤紙背面貼上與圖片相同顏色的圓形彩色貼紙，方便孩子錯誤檢查。

- -

示範

1. 詢問孩子是否認識圖片上的工具。
2. 向孩子說明如何根據行動持續時間的長短來使用不同的測量工具，如跑步時使用馬表、烹飪時使用計時器、上課程時使用時鐘。
3. 詢問孩子如何依不同地點使用不同的計時工具，並貼上相對應的標籤紙名稱。
4. 請孩子把標籤紙翻面，檢視是否與圖片上的圓形貼紙相同，進行錯誤檢查。

文化活動 ㉙

適用 4 歲 **空氣和水 2**

教具

〔托盤上〕
- 1 個透明水壺
- 1 個玻璃杯
- 1 個圓形水盆
- 1 個展示架與數個圓形紙板
- 數枚硬幣（裝在杯子裡）
- 1 塊海綿
- 1 條小毛巾

示範

1. 跟孩子一起至層架上取出教具放在桌上。
2. 請孩子將水壺裝滿水。

〔活動 1〕
1. 站在桌邊介紹教具，並將水盆放在桌上。
2. 將水壺的水倒進玻璃杯，直至杯口。

3. 將圓形紙板蓋在玻璃杯上方，將杯子與紙板移至水盆上方，用手壓住紙板，迅速將杯子反轉 180 度。

4. 將手拿開。

5. 紙板會吸附在杯子上，紙杯中的水不會流出來。

6. 邀請孩子做一次。

〔活動 2〕

1. 將水壺裝滿水，然後坐下。

2. 將水壺、杯子與硬幣放在桌上。

3. 將水壺的水倒進玻璃杯，直至杯口。

4. 將 1 枚硬幣輕輕投入杯中。

5. 觀察瓶口的水面。

6. 邀請孩子再投入 1 枚硬幣。

7. 觀察杯口的水面。

8. 再投入 1 枚硬幣。

9. 觀察杯口的水面。

10. 杯口的水面的水鼓起來了。

11. 告訴孩子：「水鼓起來，這個形狀就是凸。」

12. 繼續放入硬幣，直到水溢出來，總共投入幾枚硬幣？

13. 將水倒進水盆，拿出硬幣用海綿擦乾。

14. 用毛巾將教具擦乾，將教具收回層架。

PART 5
文化

文化活動 ❸⓪

適用 4 歲 陽光

這個活動可以讓孩子在很小的時候就感受到自己與環境的關聯。

生活會因此步行在準確的軌道上，人類也會注意到所有元素的細節，每個元素都有組成生命的可能，是使整體得到平衡的一部分。如果這個關聯鍵消失了，一切都會消失，所以必須讓孩子認識自己與環境的關聯。

在這個活動裡，孩子會認識到我們能夠生活在地球上是因為有太陽，並且意識到它的重要性，太陽是一切能源的源頭。

植物因為光合作用生長（我們可以在活動之前或之後跟孩子解釋光合作用），植物因為陽光生長，接著草食性動物食用植物，再由肉食性動物食用草食性動物，形成食物鏈。

孩子會了解食物鏈裡物種之間的食物組成關係，如果其中一個元素消失，恐怕會影響整個食物鏈。

這個活動包含部分的食物鏈活動。

教具

- 1 個黃色圓形圓盤（請製作 1 個大太陽，讓孩子知道太陽與地球的關係）
- 其他星球紙板（請製作其他星球環繞著太陽）
- 一些植物圖卡
- 一些動物圖卡（草食性及肉食性）
- 一些雜食性動物圖卡（包含人類）

示範

1. 將太陽紙板放在地上，與孩子圍成一圈（留一點空間放置圖卡或者其他物品）。
2. 用說故事的方式向孩子說明。

「太陽是一顆很大的星星，它在距離地球很遙遠的地方。」

人們覺得太陽會在白天移動是錯覺，事實上，地球是在公轉（拿出地球繞著太陽轉）。

所有生活在地球上的生物都需要太陽的能量，就如同植物的養分來自陽光，因為有陽光，植物才能生長茁壯（拿出植物圖卡繞行太陽，說明光合作用）。

有些動物靠著吃植物來攝取養分，我們稱之為「草食性動物」

（拿出草食性動物圖卡繞行植物圖卡，放置在植物圖卡上方），如果沒有草食物動物吃植物的話，地球就會長滿植物。

這些草食性動物也會是其他動物的食物，我們稱之為「肉食性動物」（拿出肉食性動物圖卡，放置在草食性動物圖卡的上方），如果沒有肉食性動物吃草食性動物的話，地球就會充滿草食性動物。

除此之外，還有同時吃植物也吃其他動物的生物，我們稱之為「雜食性動物」（拿出雜食性動物的圖卡繞行太陽）。

最後，我們人類能夠有足夠養分成長茁壯是因為我們吃植物也吃動物，我們是雜食性動物，有些不吃動物的人，我們稱之為素食者。

Tips 小秘訣

將球形的黃色太陽剪開，將太陽黏在紙上，在太陽周圍畫上所有動植物。
- **草食性動物**：熊蜂、河馬、羊、兔子、大象、長頸鹿、斑馬、牛、無尾熊、鹿、單峰駝、旱獺、驢子與馬。
- **肉食性動物**：青蛙、鯊魚、蛇、老虎、鯨魚、貓鼬、貓頭鷹、狼蛛。
- **雜食性動物**：狸、棕熊、狼、白熊。
- **還有人類**：孩子、男人、女人、老人。

文化活動 ㉛

適用 4 歲 **太陽系**

教具

・2 組星球圖卡（1 組圖卡寫上星球名稱；另 1 組圖卡空白）
・1 組星球名稱標籤貼紙（需與星球圖卡相對應）
・1 條繩子（在繩子上打數個結代表星球的位置）
・1 個黃色圓形圓盤（代替太陽）

示範

1. 拿出有標示星球名稱的圖卡，向孩子說明每個星球的特色。
2. 指出繩結上每顆星球與太陽的相對位置（可以用 1 個黃色圓盤代替太陽）。
3. 使用「三階段教學法示範」讓孩子認識星球名稱。
4. 請孩子將圖卡與星球配對，如果孩子已經認識名稱，讓他將標籤紙貼在空白的圖卡上。
5. 請孩子比對有名稱的圖卡進行錯誤檢查。

文化活動 ㉜

適用 4 歲 **身體部位**

教具

- 2 組身體部位圖卡（1 組圖卡寫上身體部位名稱，如頭、脖子、肩膀、手臂、胸部、腹部等；另 1 組圖卡空白）
- 1 組身體名稱標籤貼紙（需與身體圖卡相對應）

示範

1. 拿出有標示身體名稱的圖卡，向孩子說明身體部位的特色。
2. 使用「三階段教學法示範」介紹身體各部位的名稱。
3. 請孩子將圖卡與身體名稱配對，如果孩子已經認識名稱，讓他將標籤紙貼在空白的圖卡上。
4. 請孩子比對有名稱的圖卡進行錯誤檢查。

文化活動 ㉝

適用 4 歲 物品從哪裡來？

教具

· 6 組相關物品的照片（如羊／羊毛、樹木／軟木塞、原木／木製
傢俱、棉花／棉線、橡膠樹／輪胎、竹子／竹籃子等）

在同 1 組圖片後方貼上相同顏色的圓形貼紙，以讓孩子進行錯誤檢查。

- -

示範

1. 向孩子簡短解說每張圖片。
2. 將照片分成二列，一列為原物料，一列為成品。
3. 拿起一張成品的照片，詢問孩子，「這是哪種原物料製成的？」
   拿起原物料的照片與相對應的成品照片並排在一起。
4. 重複步驟 3，在第 1 組照片下方放上另 1 組相對應的照片。
5. 繼續活動直到所有的圖片配對完成。
6. 將照片翻過來，請孩子進行錯誤檢查，查看貼紙顏色是否相同。
7. 如果有錯誤，詢問孩子應該和哪張交換才對？

文化活動 ㉞

適用 4 歲 **動物生命周期**

教具

- 2 張生命周期圖表（1 張表寫上各期名稱並貼上相對應的圖卡，如蝴蝶生命周期：卵、幼蟲、蛹、成蟲等；另 1 張空白）
- 2 組生命周期圖卡（1 組貼在圖表上）
- 1 組生命周期名稱標籤貼紙（需與圖表及圖卡相對應）

在同一周期圖表背面貼上與圖卡背面相同顏色的圖形貼紙，以讓孩子進行錯誤檢查。可以選擇製作如青蛙、螞蟻、甲蟲、鳥等動物周期表，請參考 p.237。

示範

1. 使用有寫上名稱及粘貼圖卡的生命周期圖卡，教孩子認識生命周期。
2. 請孩子將圖卡與空白的生命周期表配對，並將照片移至圖表上。
3. 如果孩子認得名稱，請他將生命周期名稱標籤貼紙貼在圖表上。
4. 請孩子將圖表翻至背面。
5. 將圖卡混在一起，請孩子排出正確的順序。
6. 請孩子將生命周期圖卡排放在空白的圖表上。
7. 請孩子將圖卡翻面，進行錯誤檢查。

文化活動 ㉟

適用 4 歲　認識動物部位

教具

- 2組動物圖卡（畫上同一種動物，在每張圖卡上選擇1個部位塗上紅色；1組在圖卡下方寫上著色部位的名稱，例如，頭、腳；另1組不標記名稱）
- 1組動物部位名稱標籤貼紙（需與圖卡相對應）

- -

示範

1. 邀請孩子將寫有名稱的圖卡由左至右排成一列。
2. 跟孩子解說各個部位。
3. 使用「三階段教學法示範」讓孩子認識各個部位的名稱，並請他唸出來。
4. 請孩子將有標記名稱的圖卡與沒標記名稱的圖卡進行配對。
5. 如果孩子還不認識字，活動就停在這裡。
6. 如果孩子認識字，請他將標籤紙貼在圖卡下方。
7. 將有標記名稱的圖卡翻至背面。
8. 請孩子將標籤紙貼在沒有標示名稱的圖卡上。
9. 將有標記名稱的圖卡翻過來，請孩子進行錯誤檢查。

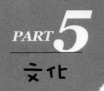

文化活動 ❸❻

適用 4 歲 **認識植物部位**

教具

- 2 組植物圖卡（畫上同一種植物，在每張圖卡上選擇 1 個部位塗
  上紅色；1 組在圖卡下方寫上著色部位的名稱，如樹葉、樹幹等；
  另 1 組不標記名稱）
- 1 組植物部位名稱標籤貼紙（需與圖卡相對應）

示範

1. 邀請孩子將寫有名稱的圖卡由左至右排成一列。
2. 跟孩子解說各個部位。
3. 使用「三階段教學法示範」讓孩子認識各個部位的名稱，並請他
   唸出來。
4. 請孩子將有標記名稱的圖卡與沒標記名稱的圖卡進行配對。
5. 如果孩子還不認識字，活動就停在這裡。
6. 如果孩子認識字，請他將標籤紙貼在圖卡下方。
7. 將有標記名稱的圖卡翻至背面。
8. 請孩子將標籤紙貼在沒有標示名稱的圖卡上。
9. 將有標記名稱的圖卡翻過來，請孩子進行錯誤檢查。

文化活動 ㊲

適用 4 歲 **蔬果分類**

教具

- ・1 個籃子（盛放蔬果用）
- ・6 種水果
- ・6 種蔬菜
- ・2 張標籤貼紙（分別寫上蔬菜和水果）

- -

示範

1. 從層櫃中拿出裝有蔬果的籃子。
2. 請孩子拿起蔬果，用感官觸摸、聞嗅，並觀察顏色、形狀等。
3. 向孩子描述這些蔬果。
4. 拿出寫有「水果」和「蔬菜」的標籤紙，排在桌上。
5. 跟孩子解釋這兩張標籤，告訴他現在要進行蔬果分類。
6. 拿起一樣水果告訴孩子：「這是水果。」然後排放在水果標籤的下方。
7. 拿起一樣蔬菜告訴孩子：「這是蔬菜。」然後排放在蔬菜標籤的下方。
8. 繼續其他的蔬果。

9. 邀請孩子自己完成活動。

Tips 小秘訣

　　準備蔬果圖卡，並將其分類，分別排放在寫有水果和蔬菜的標籤紙下方。

　　將蔬果圖卡背面分別貼上相同顏色的圓形貼紙，以讓孩子進行錯誤檢查。

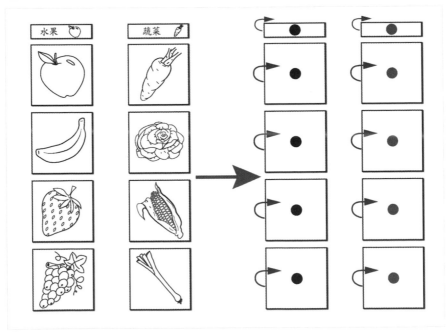

▲蔬果分類

文化活動 ❸❽

適用 4 歲 **蔬果的外觀＆切面**

教具

- 1 個籃子（盛放蔬果用）
- 2～3 數種蔬果
- 1 塊砧板
- 1 把水果刀
- 2～3 種蔬果圖卡（含外觀及切面，需與準備的蔬果種類相符）
- 2 張標籤貼紙（分別寫上外觀和切面）

將同組蔬果圖卡的背面分別貼上相同顏色的圓形貼紙，以讓孩子進行錯誤檢查。

示範

1. 將 1 顆水果放在砧板上以水果刀切成兩半，請孩子觀察切面，對照圖卡。
2. 將 1 種蔬菜放在砧板上以水果刀切成兩半，請孩子觀察切面，對照圖卡。
3. 繼續其他蔬果。

4. 拿出寫有蔬果外觀與切面的標籤貼紙。

5. 拿出寫有「外觀」和「切面」的標籤紙,排在桌上。

6. 跟孩子解釋這兩張標籤,告訴他現在要進行分類,將圖卡分別排在兩張標籤下方。

7. 請小孩繼續活動。

8. 將圖卡翻面,檢視貼紙顏色,以讓孩子進行錯誤檢查。

文化活動 **㊴**

適用 4 歲 **植物生命周期**

教具

- 1 張植物生命周期表（如：種籽、發芽、開花、結果）
- 2 組生命周期圖卡（1 組標註名稱，另 1 組空白）

示範

1. 請孩子坐在地毯上，仔細觀察圖表上的植物生命周期，並且跟孩子說明。
2. 使用空白的生命周期圖卡，請孩子排出順序。
3. 拿出有標註名稱的圖卡進行錯誤檢查。

文化活動 ❹

適用 4 歲 火山構造

教具

- 2 組火山構造圖卡（在每張圖卡畫上同一座火山，在每張圖卡上選擇 1 個部分塗上紅色；1 組在圖卡下方標註該結構名稱，另 1 組空白）
- 1 組火山構造標籤紙（需與圖卡相對應）

將同組火山結構圖卡的背面分別貼上相同顏色的圖形貼紙，以讓孩子進行錯誤檢查。

示範

1. 跟孩子介紹寫有名稱的圖卡。
2. 使用「三階段教學法示範」向孩子介紹火山構造名稱。
3. 將圖卡由左至右水平排列。
4. 請孩子將空白圖卡與有標註名稱的圖卡配對，並在空白圖卡貼上標籤名稱。
5. 孩子認識火山各結構的名稱後，將圖卡混在一起。
6. 將標註有名稱的圖卡由左至右水平排列。

7. 如果孩子還不認識字，請他重複步驟 4 即可。
8. 如果孩子認識字，請他將兩組圖卡配對，並且將標籤紙放在空白圖卡的下方。
9. 將請孩子將圖卡翻至背面，進行錯誤檢查。

文化活動 ❹

適用 4 歲 **地球構造**

教具

・2 組地球構造圖卡（在每張圖卡上選擇 1 個部分塗上<u>紅色</u>；1 組在圖卡下方標註該結構名稱，另 1 組空白）
・1 組地球構造標籤紙（需與圖卡相對應）

將同組地球結構圖卡的背面分別貼上相同顏色的圓形貼紙，以讓孩子進行錯誤檢查。

- -

示範

1. 跟孩子介紹寫有名稱的圖卡。
2. 使用「三階段教學法示範」向孩子介紹地球構造名稱。
3. 將圖卡由左至右水平排列。
4. 請孩子將空白圖卡與有標註名稱的圖卡配對，並在空白圖卡貼上標籤名稱。
5. 孩子認識地球各結構的名稱後，將圖卡混在一起。
6. 將標註有名稱的圖卡由左至右水平排列。

7. 如果孩子還不認識字，請他重複步驟 4 即可。

8. 如果孩子認識字，請他將兩組圖卡配對，並且將標籤紙放在空白圖卡的下方。

9. 將請孩子將圖卡翻至背面，進行錯誤檢查。

文化活動 ㊷

適用 4 歲　**認識星座**

教具

- 2 組 12 星座圖卡（1 組圖卡寫上星座名稱；另 1 組圖卡空白）
- 1 組星座標籤紙（需與星座圖卡相對應）
- 12 張黑色厚紙板（製作星座圖，星座模型上挖有小洞表示星星）
- 數根小棍棒（可以插在厚紙板孔洞上的）

示範

1. 請孩子將兩組星座圖卡配對。
2. 使用「三階段教學法示範」教孩子認識每個星座，並說明每個星座的資訊。
3. 如果孩子認識字，請他將標籤紙放在空白星座圖卡上，並比對有標示的圖卡自己訂正。
4. 拿出事先挖好洞的黑色厚紙板，請孩子將棍棒插入厚紙板的孔洞中，製作自己的星座圖。

文化活動 ❹

適用 4 歲 **製作紙張**

教具

· 幾張報紙或日曆紙（撕成小塊狀）
· 1 個水桶（裝水）
· 一些乾燥花
· 1 個濾網
· 1 條棉布
· 1 支熨斗

示範

1. 請孩子將報紙塊放入水桶。
2. 將紙浸入水中，慢慢地攪動報紙。
3. 告訴孩子必須將報紙攪拌到成糊狀直到變成紙漿。
4. 將乾燥花放入。
5. 將薄薄一層紙糊平鋪在濾網上，輕搖濾網使紙漿均勻鋪平。
6. 將濾網移至棉布上，將水稍吸乾，置於通風處等待風乾。
7. 當紙糊風乾後，輕輕將紙取出，請孩子用熨斗將紙張熨平。

文化活動 ❹❹

適用 4 歲　**觀察葉片**

教具

・1 張防水布
・幾個透明小塑膠袋
・1 支放大鏡

示範

1. 邀請孩子外出並蒐集各種不同型態的葉子。
2. 請孩子將蒐集來的葉子輕柔地收進塑膠袋中。
3. 請孩子用放大鏡觀察葉脈、葉緣與葉刃（使用「三階段教學法示範」教孩子認識單字）。
4. 如果能夠參觀蒙特梭利的植物觀察教室，請孩子比較、觀察室內的各種葉片，並說出它們的名稱。

運動活動 ❶

適用從出生開始 **蒙特梭利嬰兒墊**

　　嬰兒墊（topponcino）是一塊用柔軟棉布做成的橢圓形墊子，柔軟且實用，提供衛生舒服的環境給寶寶也方便替換床單。

　　這條嬰兒墊可以在抱起嬰兒時使用，它能夠完美支撐嬰兒的頭部，所以當我們將嬰兒抱在懷中時，會很輕鬆也不用擔心寶寶會不舒服。

　　這對媽媽與寶寶來說都很安全，尤其是有訪客想將寶寶抱起來時，可避免肌膚上的接觸。

　　盡量讓嬰兒睡在這個墊子上，讓孩子感受到墊子上的溫度與氣味而產生安全感。

　　因為有了這條墊子，孩子在睡眠中也不會因為翻身等問題而醒來。

運動活動 ❷

適用從出生開始 **嬰兒毯**

教具

· 1 張正方形嬰兒毯（約 120x120 公尺，以不同**觸感**的材質製作而成，如柔軟、粗糙、平滑、冰涼、溫暖等）

> 我們可以使用不同材質的地毯：棉、超細纖維、人造皮革、綿絨、羊毛等，同時還有其他主題物件，但觸感必須是使人愉悅的。毯子上要放一些小緞帶、小時鐘、小球等，一些不危險但能夠讓孩子伸手觸摸的物品。

示範

1. 在孩子的遊戲區放置一張嬰兒毯，並在嬰兒墊旁孩子伸手可及的牆上掛一面安全鏡，還有 1 個小矮櫃，櫃子上的籃子裡放一些嬰兒玩具、小球及幾本布書（需固定）。
2. 在毯子上方安置 1 個有懸掛吊飾的橫木桿，讓孩子伸手抓握，以幫助其運動神經發展。
3. 將孩子放在嬰兒毯上，盡可能地光腳讓孩子感受地毯上的不同材質，如此可以幫助孩子開始認識身體。

4. 不要離孩子太遠，請就近觀察他。

5. 慢慢地，嬰兒可以學會自己翻身、自己伸手打玩具，或者是看鏡中的自己。將孩子放在嬰兒毯時請觀察他，然後拍拍放在他上方的橫木桿，訓練他伸手抓，再大一點則可以扶著站起身。

運動活動 ❸

適用從出生開始 橫桿

　　無論是在家中或嬰兒毯上，橫木桿都是很重要的元素，我們可以在上面懸掛寶寶喜歡的小吊飾，橫木桿安置在寶寶伸手碰觸的到的高度，在橫木桿下方放上一塊柔軟的毯子或是羊毛毯，並將孩子放在上面。

　　請注意，所有懸吊的吊飾必須是安全的環保材質，您可以選擇天然材質的金屬、木製、棉製等，不要太多塑膠製品。

　　這個方法可以很好地發展嬰兒的肌肉、提升他的自我認知能力、認識因果關係及發展手眼協調能力等。

　　嬰兒會在嬰兒毯上度過快樂的時光，但是嬰兒仍需大人的陪伴，不可以置之不理。此外，應避免嬰兒在觸摸橫桿與放棄活動之間太快找到捷徑。

　　嬰兒的力氣很大，所以橫桿必須安裝地很堅固。

　　如果您經常更換懸掛在木桿上的玩具會讓孩子感到開心，像是木環、羊毛球、橡膠球、貝殼風鈴、鈴噹等。

　　一開始懸掛黑色或白色的玩具，待孩子大一點改換三原色，最後再更換為任意的顏色。

運動活動 ❹

適用從出生開始 **鏡子與把手**

嬰兒毯是蒙特梭利教育中重要的素材，即使是在兒童心理學上也是如此。

放在嬰兒毯四周的鏡子必須是長方形的，越薄越好，懸掛在家中或者是托嬰中心的嬰兒毯旁邊，讓它照出物體的形狀與顏色。

若要將鏡子以直立的方式安置在嬰兒毯旁的地上，要小心保持寶寶與鏡子的距離且加以固定，並避免附近有重物砸碎鏡子。

在環境中佈置一面鏡子很重要：當寶寶覺會翻身、抬頭時，他會看向鏡中的自己，也會爬向鏡子直到額頭碰觸到鏡子，然後去舔鏡中的影像並感受到鏡子的冰冷。藉由一面鏡子，寶寶會從不認識自己，到熟悉自己的身體。

鏡子不只能夠刺激寶寶的視覺，還會讓寶寶意識到外在的世界與家中成員。

隨著寶寶視覺上的發展，他的視野與理解力也會一起展開。

在托嬰中心裡，寶寶會在鏡子裡發現其他同伴並對他們微笑。

寶寶會試著觸摸鏡子裡反射出來的影像，並第一次感受到自己的情緒變化。

　　因為有鏡子，寶寶可以在鏡中看到背後的景象，因此不會因為大人靜悄悄地來到身邊而受到驚嚇，或是當環境吵雜時，寶寶不會只聽見聲音，而沒有接收到其他的環境訊息。

　　此外，鏡子會反射，所以在嬰兒毯旁擺放鏡子時必須注意位置，不要讓太陽的反射光照射到寶寶的眼睛。

　　在鏡子前方安裝橫木桿很重要，它可以幫助寶寶發展肌肉張力與平衡感，漸漸地寶寶可以扶著木桿自己站立。如果擔心寶寶在練習站立時摔倒，可以在地板鋪厚軟墊。

　　鏡子宜選擇較寬且比寶寶高的，這樣寶寶可以在鏡中觀看自己如何從水平姿勢轉換到垂直姿勢。

　　漸漸地，寶寶會知道在鏡中出現的影像是自己。

　　當寶寶成長至可以自行坐著的時候，我們可以拿一片安全鏡讓他照自己身體的每一處。

　　如果寶寶是在托嬰中心或托兒所的教室內，必須確認鏡子可以照到孩子的全身；若是在家裡，不要忘記在洗手台前放置鏡子，以讓孩子在洗臉刷牙時看見自己。

運動活動 ❺

適用 10 個月以上　**學步車**

　　學步車必須是堅固的並且比寶寶還要重，這樣才不會因為寶寶的太重而翻車。寶寶會因為學步車開始學習走路。在心理學上也是如此，學步車可以幫助孩子學習，增長毅力與成長的喜悅並且讓寶寶開始學習身體直立時的垂直姿勢。

　　必須慎選學步車，因為這項工具是幫助寶寶發展的動力而不是幫助他步行的工具，需注意不能讓寶寶靠近危險物品，並從短時間開始慢慢延長時間。

　　寶寶會喜歡把玩具放進他的學步車裡，並且帶著它們走。
　　（註：需注意安全。）

結 語

所有我們提供的活動都可以自行在家裡實施蒙特梭利教育。

然而,重要的是務必遵守每一條活動示範,不可隨意更改。蒙特梭利教育是由瑪麗亞‧蒙特梭利醫師所創立的科學教育。

她藉由觀察孩子,根據他們的發展設計出這套教育方法及活動的方式。每個示範都伴隨著直接或間接目的,讓孩子有好的發展與舒適生活。

舉例來說,向孩子介紹活動教具時應該由左而右,這樣同時也間接地向孩子示範閱讀及寫作的模式,這樣孩子會無意識地記住這種感覺,之後在閱讀及寫作時不會從錯誤的方向開始。當然,對於學習中文的孩子來說,練習時應從右至左。

夾鉗姿勢,換句話說是用拇指、食指與中指取物,也是在間接介紹書寫;孩子在完成諸多練習後,就自然而然地會拿筆了。

為了讓孩子能夠養成好的學習態度,必須要求孩子從頭至尾完成活動,只能在要開始另一項活動時結束前一項活動,所以大人必須向孩子提供一個他能夠順利完成的活動。

最後我們會知道所有的活動都能替孩子的未來帶來堅實的基礎,讓他們在學習路上更輕鬆。

甚至這些活動不只為了孩子，也為人建立一些基本價值，譬如自動自發、自信、獨立、自主與專注。

蒙特梭利教育法不只是簡單的教育方式，更是一種哲學生活。事實上，如果大人沒有採用準確的蒙特梭利活動示範，這些活動是沒有意義的。瑪麗亞‧蒙特梭利認為，建立世界和平的方法是透過教育，在我們與孩子一起進行活動的時候，必須牢記這一點。

「文化活動」尤其重要，藉由過程可以帶領孩子認識自己與他人生活的世界及他人的生活方式與文化。如此可以幫助孩子了解其他人，懂得尊重且不對排斥跟自己不一樣的文化與人。

這些活動重要的是要讓孩子學會認識大自然、科學、藝術等，它們的美麗與在地球上所扮演的角色，如何讓這個世界能夠保持美麗與和諧。

所有活動的準備、設置與介紹將呈現在孩子眼前，孩子會知道大人為了他們的成長與發展精心準備。

除此之外，一起完成活動會替大人與孩子帶來真正的快樂，父母會以另一種眼光來看待孩子。事實上，大人可以藉由觀察來發現更好的方法以幫助孩子。

觀察和行動可以幫助大人將環境準備到最好，以呼應孩子內心自我建立的深層需求。大人幫助孩子自我發展是一種自信心的培養，會隨著孩子的成長不斷地創造出美麗的親子關係。

　　語言的發展聯繫著所有活動，同時也交織出大人與孩子之間好的對話方式，這是發展良好關係的基礎，使用準確的單字可以讓孩子更明白也更了解你說的話。

　　同樣重要的是，當孩子在做活動時必須很注意他的反應，態度和使用的語詞。在陪伴孩子的時間裡，大人可以分享真正的快樂，必須跟孩子說正向的話，不可以因為孩子做不到或做不正確就失望的嘆氣，也不可以感到疲憊地批評他說，「不，你錯了！」如果孩子真的做不到，是因為選擇的活動不適合他，我們只需要過一陣子再給他這個活動。如果孩子不想遵照活動示範做，或許他已經厭倦了這個活動？

　　除此之外，大人必須不停地跟自己對話，並且站在孩子的立場去思考和感受孩子的存在，如此雙方都會變得更加美好。

　　必須永遠記得瑪麗亞・蒙特梭利在《L'enfant, Desclée de Brouwer, 2006》一書中提到的一段話：「孩子是大人的建造者，所有我們的錯誤都會刻畫在孩子身上，孩子將會帶著抹拭不掉的痕跡一輩子。撫摸孩子就是在感受過去的源頭，然後走向無止境之地，一切都可以改變。和孩子一起做活動可以得到意想不到的救贖，就如同戰勝了人類的秘密。」

150個主題活動
蒙特梭利遊戲玩出孩子的**獨立**×**自主**×**快樂**

作　　　者/希樂薇‧德絲克萊博、諾雅米‧戴斯雷伯
翻　　　譯/許少菲
選　　　書/陳雯琪
主　　　編/陳雯琪

行 銷 經 理/王維君
業 務 經 理/羅越華
總 編 輯/林小鈴
發 行 人/何飛鵬
出　　　版/新手父母出版
　　　　　城邦文化事業股份有限公司
　　　　　台北市民生東路二段141號8樓
　　　　　電話：（02）2500-7008　傳真：（02）2502-7676
　　　　　E-mail：bwp.service@cite.com.tw
發　　　行/英屬蓋曼群島商家庭傳媒股份有限公司城邦分公司
　　　　　台北市中山區民生東路二段141號11樓
　　　　　書虫客服服務專線：02-25007718；25007719
　　　　　24小時傳真專線：02-25001990；25001991
　　　　　讀者服務信箱 E-mail：service@readingclub.com.tw
劃 撥 帳 號/19863813；戶名：書虫股份有限公司

香 港 發 行/城邦（香港）出版集團有限公司
　　　　　香港灣仔駱克道193號東超商業中心1樓
　　　　　電話：(852)2508-6231　傳真：(852)2578-9337
　　　　　電郵：hkcite@biznetvigator.com
馬 新 發 行/城邦（馬新）出版集團 Cite(M) Sdn. Bhd. (458372 U)
　　　　　11, Jalan 30D/146, Desa Tasik,
　　　　　Sungai Besi, 57000 Kuala Lumpur, Malaysia.
　　　　　電話：(603) 90563833　傳真：(603) 90562833

封面、版面設計/徐思文
內 頁 排 版/陳喬尹
製 版 印 刷/卡樂彩色製版印刷有限公司
初 版 一 刷/2019年12月10日
初版4.3刷/2024年01月31日
定　　　價/480元

I S B N　978-986-5752-83-5

城邦讀書花園
www.cite.com.tw

Conseil editorial : Stephanie Honore
Maquette : Emilie Guillemin
Illustrations : Noemie d'Esclaibes
© 2017 Leduc.s Editions
29 boulevard Raspail
75007 Paris – France
Chinese complex translation copyright © Parenting Source Press, a division of Cite Published Ldt.,2019

國家圖書館出版品預行編目資料

教出自主力150個主題活動,蒙特梭利遊戲玩出孩子的獨立
x自主x快樂 / 希樂薇‧德絲克萊博 (Sylvie d'Esclaibes),
諾雅米‧戴斯雷伯 (Noémie d'Esclaibes) 合著 ; 許少菲
譯. -- 初版. -- 臺北市 : 新手父母城邦文化出版 : 家庭傳媒
城邦分公司發行, 2019.12
面 ;   公分. -- (好家教系列;SH0160)
譯自:150 Montessori activities at home

ISBN 978-986-5752-83-5 (平裝)

1. 育兒   2. 親職教育   3. 蒙特梭利教學法

428.8   108018331